高等职业教育机电类专业"十三五"规划教材

数控机床电气故障诊断与维修技术

主　编　金　玉

副主编　白桂彩　武燕平

主　审　张国军

西安电子科技大学出版社

内 容 简 介

本书以零基础为起点，注重对数控机床电气维修技能的培养，突出可操作性和实用性，并加入了团队合作的学习操作内容，符合现代社会企业工匠人才的需求目标。

本书内容按项目制组织，共由 5 个项目组成，具体包括：数控车床供电电路故障诊断与维修、数控车床急停回路故障诊断与维修、数控车床主轴故障诊断与维修、数控车床伺服系统电路故障诊断与维修、数控车床刀架电路故障诊断与维修。全书内容贴合实际，易于操作实施，通过项目把数控机床常见故障发生地进行切块，并在项目内部进一步细化成若干个任务，在任务中通过图形方式引导学生进行故障分析，掌握故障分析的思路，加强学生对故障进行独立分析的能力训练。通过对本书的学习，学生可具备一定数控机床电气维修技能。

本书可作为高职学校、技工学校、职业学校机电一体化专业、数控技术专业的教材，也可作为企业职工的培训教材。

图书在版编目（CIP）数据

数控机床电气故障诊断与维修技术 / 金玉主编. — 西安：西安电子科技大学出版社，2018.6
ISBN 978-7-5606-4908-5

Ⅰ. ① 数… Ⅱ. ① 金… Ⅲ. ① 数控机床—电气设备—故障诊断 ② 数控机床—电气设备—维修
Ⅳ. ① TG659

中国版本图书馆 CIP 数据核字(2018)第 072393 号

策划编辑　李惠萍　秦志峰
责任编辑　祝婷婷　秦志峰
出版发行　西安电子科技大学出版社(西安市太白南路 2 号)
电　　话　(029)88242885　88201467　　　邮　编　710071
网　　址　www.xduph.com　　　　　　电子邮箱　xdupfxb001@163.com
经　　销　新华书店
印刷单位　陕西天意印务有限责任公司
版　　次　2018 年 6 月第 1 版　　2018 年 6 月第 1 次印刷
开　　本　787 毫米×1092 毫米　1/16　印　张　15.5
字　　数　367 千字
印　　数　1～3000 册
定　　价　39.00 元

ISBN 978-7-5606-4908-5 / TG

XDUP 5210001-1

***** 如有印装问题可调换 *****

前　言

　　"数控机床电气故障诊断与维修技术"是江苏省五年制高职学校数控设备应用与维护专业技能方向的课程,是一门实践性较强的技术训练课程。通过本课程的学习,学生能够正确使用电气故障诊断与维修工具,具备数控机床典型故障诊断与维修初步能力;能培养遵守操作规程、安全文明生产的良好习惯;具有严谨的工作作风和良好的职业道德修养。

　　书中内容的选取和结构安排以高职高专学生的学习情况为依据,遵循学生知识与技能形成规律和学以致用的原则,突出学生职业能力的训练。书中理论知识的选取以够用为原则,同时又充分考虑了高等职业教育对理论知识学习的要求,融合了相关职业岗位对从业人员的知识、技能和态度的要求。书中的项目以数控车床的典型故障为突破点,突显代表性和典型性,内容由浅入深、循序渐进,重点介绍了数控机床电气故障诊断与维修技术的基础知识和技能,便于实施理实一体化和项目化教学,充分体现"做中学""学中做"的职业教学特色。

　　本书按照以企业岗位要求为根本,以"工作任务"为驱动的原则进行编写,并融入江苏省数控设备故障诊断与维护比赛内容。全书以图形方式来表达,让学生更易学习。本书由五个项目28个任务组成,每个任务都体现了数控机床故障诊断与维修岗位的职业训练过程。

　　本书由连云港工贸高等职业技术学校金玉担任主编,盐城机电高等职业技术学校张国军担任主审,连云港工贸高等职业技术学校白桂彩、武燕平担任副主编,盐城机电高等职业技术学校张猛、连云港工贸高等职业技术学校杨鹏飞、连云港机床厂吴海宁参与了本书的编写。

　　在编写时,我们参考了大量相关教材和资料,在此对原作者表示衷心的感谢。同时,我们还得到了常州刘国钧高等职业技术学校王猛教授和连云港工贸高等职业技术学校王琳老师的指导和帮助，在此一并表示衷心的感谢。

由于编者水平有限，书中不当之处在所难免，恳请读者批评指正。

编　者

2018 年 2 月

目　录

项目一　数控车床供电电路故障诊断与维修 ……………………………………… 1

    任务一　数控车床供电回路概述 ………………………………………………… 1

    任务二　XT0 端子排接线故障诊断与维修 …………………………………… 3

    任务三　QF1 转换开关故障诊断与维修 ……………………………………… 7

    任务四　QS1 空气开关故障诊断与维修 ……………………………………… 11

项目二　数控车床急停回路故障诊断与维修 ……………………………………… 15

    任务一　数控车床急停回路概述 ……………………………………………… 15

    任务二　急停按钮 SB5 电路故障诊断与维修 ……………………………… 17

    任务三　伺服急停 KA6 电路故障诊断与维修 ……………………………… 25

    任务四　伺服放大器 CX30 接口电路故障诊断与维修 …………………… 32

    任务五　急停 PLC 程序检查 …………………………………………………… 36

项目三　数控车床主轴故障诊断与维修 …………………………………………… 41

    任务一　数控车床主轴故障点概述 …………………………………………… 41

    任务二　主轴空气开关 QS2 电路故障诊断与维修 ………………………… 45

    任务三　变频器启动接触器 KM0 电路故障诊断与维修 ………………… 51

    任务四　变频器正反转控制信号线路故障诊断与维修 …………………… 61

    任务五　变频器转速控制信号电路故障诊断与维修 ……………………… 69

    任务六　制动电阻电路故障诊断与维修 ……………………………………… 73

    任务七　主轴电机电路故障诊断与维修 ……………………………………… 77

项目四　数控车床伺服系统电路故障诊断与维修 ………………………………… 86

    任务一　数控车床伺服系统电路故障概述 ………………………………… 86

    任务二　伺服 24 V 供电回路电路故障诊断与维修 ……………………… 90

    任务三　CX30 接口及相关电路故障诊断与维修 ………………………… 110

    任务四　轴反馈编码器电路故障诊断与维修 ……………………………… 119

    任务五　伺服电源进线线路故障诊断与维修 ……………………………… 127

    任务六　伺服电机及供电线路故障诊断与维修 …………………………… 163

项目五　数控车床刀架电路故障诊断与维修 172

　　任务一　数控车床刀架电路概述 172

　　任务二　刀架正反转中间继电器电路故障诊断与维修 175

　　任务三　刀架正反转交流接触电路故障诊断与维修 183

　　任务四　QM2 断路器电路故障诊断与维修 211

　　任务五　刀架信号发信盘电路故障诊断与维修 222

　　任务六　刀架电机故障诊断与维修 233

项目一　数控车床供电电路故障诊断与维修

001_项目一_512px.png

任务一　数控车床供电回路概述

【任务描述】

　　数控车床供电电路是整个机床供电的基础，也是整个机床的能源基础。它保证了整台机床运转的电能供应，一旦发生故障，对整个机床影响巨大。通过本任务可以认识机床供电回路的组成和常见故障点。

【任务目标】

　　(1) 掌握数控车床供电回路的电路组成与结构。
　　(2) 利用思维导图掌握数控车床供电回路常见故障点。

【知识储备】

　　电路图能充分表达电气设备和电器的用途、作用与工作原理，是电气线路安装、调试、维修的理论依据。
　　识读电路图时应遵循以下原则：
　　(1) 电路图一般由电源电路、主电路和辅助电路三部分组成。
　　① 电源电路画成水平线，三相交流电源相序 L1、L2、L3 自上而下依次画出，中性线 N 和保护接地线 PE 画在相线之下。直流电源的正极画在上边，负极画在下边。电源开关要水平画出。
　　② 主电路是由主熔断器、接触器和主触头、热继电器的热元件以及电动机等组成的。主电路通过的电流较大。主电路画在电路图的左侧并垂直于电源电路。
　　③ 辅助电路一般由主令电器的触头、接触器线圈及辅助触头、继电器线圈及触头、指示灯和照明灯等组成。它通过的电流较小，一般不超过 5 A。辅助电路要跨接在两相电源线之间，一般按照控制电路、指示电路和照明电路的顺序依次垂直画在主电路的右侧，与下边电源线相连的耗能元件要画在电路图的下方，而电器的触头要画在耗能元件与上边电源线之间。一般应按照自左至右、自上而下的排列来表示操作顺序。
　　(2) 电路图中，各电器的触头位置都按电路未通电和电器未受外力作用时的常态位置画出。分析电路原理时，应从触头的常态位置出发。
　　(3) 电路图中，不用画出电器元件实际的外形图，而是采用国家统一规定的电气图形符号画出。

(4) 电路图中，同一电器的各个元件不按它们的实际位置画在一起，而是按其在线路中所起的作用分别画在不同的电路中，但它们的动作却是相互关联的，因此，必须标注相同的文字符号。

(5) 一般绘制电路图时，有直接电联系(即实际交点)的交叉导线连接点用小黑圆点表示；无直接电联系的交叉导线(即此处未连接)则不画小黑圆点。

(6) 电路图采用电路编号法，即对电路中的各个接点用字母或数字编号。

① 主电路在电源开关的出线端按相序依次编号为 U11、V11、W11，然后按从上到下、从左到右的顺序，每经过一个电器元件后，编号要依次递增，如 U12、V12、W12，U13、V13、W13……单台三相交流电动机的 3 根引出线相序依次编号为 U、V、W。对于多台电动机引出线的编号，为了不致引起误解和混淆，可在字母前用不同的数字加以区别，例如：1U、1V、1W、2U、2V、2W……

② 辅助电路编号按"等电位"原则，按从上到下、从左至右的顺序用数字依次编号，每经过一个电器元件后，编号要依次递增。控制电路编号的起始数字必须是 1，其他辅助电路的起始数字依次递增 100，如照明电路编号从 101 开始，指示电路编号从 201 开始等。

在二次回路中的所有设备间的连线都要进行标号，这就是二次回路的标号。标号一般采用数字形式或数字与文字的组合形式，它表明了回路的性质和用途。

回路标号的基本原则是：凡是各设备间要用控制电缆经端子排进行联系的线路，都要按回路的原则进行标号。此外，某些装在屏顶上的设备与屏内设备的连接，也需要经过端子排，此时屏顶设备就可以看作屏外设备，而在其连接线上同样按回路编号原则给以相应的标号。

【任务实施】

数控车床的供电回路电气原理图是数控车床供电回路故障诊断与维修的基础，在进行数控车床供电回路故障诊断与排除之前必须要掌握其电气原理图，才能为正确判断和排除相关故障点提供保障。数控车床典型供电电气原理图如图 1-1-1 所示。

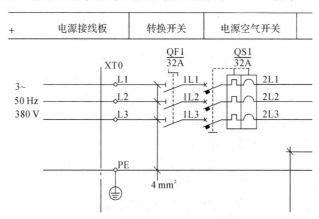

图 1-1-1　数控车床典型供电电气原理图

在掌握数控车床供电回路电气原理的基础上，根据故障现象以及数控车床供电回路组成构建数控车床供电电路故障思维导图，为判断和排除数控车床供电回路故障做好规划。数控车床供电回路故障思维导图如图 1-1-2 所示。

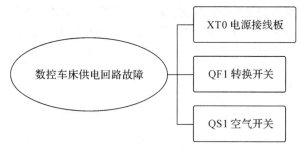

图 1-1-2　数控车床供电回路故障思维导图

 【任务评价】

(1) 每个学生写出该任务心得体会一份。
(2) 手绘数控车床供电回路电气原理图一份。

 【任务思考】

(1) 数控车床供电回路由哪些元器件组成？
(2) 数控车床供电回路常见故障点有哪些？
(3) 数控车床供电回路的作用是什么？

任务二　XT0 端子排接线故障诊断与维修

 【任务描述】

XT0 端子排是数控车床试验台与外部电气连接的纽带，其接线的正确与否会影响机床组成的运行。通过本任务的学习，学生应掌握排除端子排接线故障的方法及相关注意事项。

 【任务目标】

(1) 掌握端子排的接线结构。
(2) 掌握端子排接线故障排查方法。

 【知识储备】

1. 螺丝刀的使用方法

将螺丝刀的端头对准螺丝的顶部凹坑，固定，然后开始旋转手柄。根据规格标准，顺时针方向旋转则为嵌紧，逆时针方向旋转则为松出(极少数情况下则相反)。

使用螺丝刀时应注意以下事项：

(1) 电工必须使用带绝缘手柄的螺丝刀。

(2) 使用螺丝刀紧固或拆卸带电的螺钉时，手不得触及螺丝刀的金属杆，以免发生触电事故。

(3) 为了防止螺丝刀的金属杆触及皮肤或触及相邻近带电体，应在金属杆上套装绝缘管。

(4) 使用时应注意选择与螺钉槽相同且大小规格相应的螺丝刀。

(5) 切勿将螺丝刀当做錾子使用，以免损坏螺丝刀手柄或刀刃。

2. 万用表的使用方法

(1) 直流电压的量测。首先将黑表笔插进"COM"孔，红表笔插进"V/Ω孔"。电压数值可以直接从显示屏上读取。若显示为"1."，则表明量程太小，那么就要加大量程后再量测工业电器。把旋钮旋到比估计值大的量程 (注意：表盘上的数值均为最大量程；"V-"表示直流电压挡，"V～"表示交流电压挡，"A"是电流挡)，接着把表笔接电源或电源两端，保持接触稳定。如果在数值左边出现"-"，则表明表笔极性与实际电源极性相反，此时红表笔接的是负极。

(2) 交流电压的量测。表笔的插法与直流电压的量测一样，不过应该将旋钮打到交流挡"V～"相应的量程。交流电压无正负之分，量测方法跟前述的方法相同。

无论是测交流电压还是直流电压，都要注意人身安全，不要随便用手触摸表笔的金属部分。

(3) 电阻的测量。将量程开关拨至 Ω 的合适量程，红表笔插入"V/Ω"孔，黑表笔插入"COM"孔。如果被测电阻值超出所选择量程的最大值，万用表将显示"1."，这时应选择更高的量程。测量电阻时，红表笔为正极，黑表笔为负极，这与指针式万用表正好相反。因此，测量晶体管、电解电容器等有极性的元器件时，必须注意表笔的极性。

(4) 用万用表测量电流。首先选择量程，万用表直流电流挡标有"mA"，包括 1 mA、10 mA、100 mA 三挡量程，选择量程时应根据电路中的电流大小来选择；然后将万用表与被测电路串联，即将电路相应部分断开后，将万用表表笔接在断点的两端；最后正确读数。测直流电流时，与测量电压一样，都是看第二条刻度线。如选 100 mA 挡时，可用第三行数字，读数后乘 10 即可。

(5) 用万用表测量电容。某些数字万用表具有测量电容的功能，其量程分为 2000 p、20 n、200 n、2 μ 和 20 μ 五挡。测量时可将已放电的电容两引脚直接插入表板上的 Cx 插孔中，选取适当的量程后就可读取显示数据。

 【任务实施】

1. 思维导图

本任务的思维导图如图 1-2-1 所示。

图 1-2-1　XT0 电源接线板故障检测思维导图

2. 排查过程

根据思维导图设计排查过程如下：

2.1　检查接线

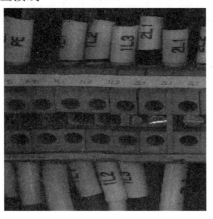

2.2　检查电压
2.2.1　测 L1、L2 之间电压

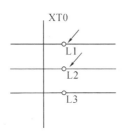

2.2.2　测 L1、L3 之间电压

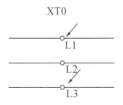

2.2.3　测 L2、L3 之间电压

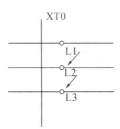

2.1　检查接线
注意事项：

总电源要断开。

故障排除方法：

(1) 用手拉动导线看是否有松动或脱落，若有，则用螺丝刀拧紧。

(2) 用万用表检查 XT0 与 QF1 之间导线有无断线，若有则把断线换掉。

2.2　检查电压
注意事项：

(1) 总电源要合上。

(2) 注意万用表挡位选择。

故障排除方法：

(1) 用万用表检查电压是否为正常的 380 V；若出现偏差较大，则要加电源辅助措施来解决问题。

(2) 用万用表检查是否有缺项。

【任务评价】

任务评价表

项目＿＿＿＿＿＿＿＿＿＿＿＿＿＿　任务＿＿＿＿＿＿＿＿＿＿＿＿＿＿＿＿

姓名＿＿＿＿＿＿＿＿＿＿＿＿＿＿　班级＿＿＿＿＿＿＿＿＿＿＿＿＿＿＿＿

评价项目	评 价 标 准	配分	个人自评	小组评价	教师评价
知识储备	资料收集、整理、自主学习	5			
任务实施	工具、配件等的使用和摆放符合要求	5			
	严格按要求检修故障	20			
	正确排除故障	35			
	服从管理，遵守校规、校纪和安全操作规程	5			
任务思考	能实现知识的融汇	5			
	能提出创新方案	5			
	认真思考，考虑问题全面	5			
学习态度	主动学习	5			
	团队意识强	5			
	学习认真	5			
总　　　计		100			
综合评定 (个人30%，小组30%，教师40%)					
任务评语			年　　　　月　　　　日		

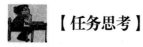【任务思考】

(1) 在 XT0 排除故障过程中要注意什么？

(2) 在 XT0 排除故障过程中有哪些技巧？

任务三 QF1 转换开关故障诊断与维修

 【任务描述】

QF1 转换开关是机床主电路入门的第一道关卡，它如果出了问题会影响整个机床供电，使机床不能正常运转。此开关在机床中起到电源的隔离作用，及对后续的空气开关起到隔离作用。通过本任务的学习，让学生学会排查和维修这种类型的故障。

 【任务目标】

(1) 掌握 QF1 转换开关故障排除方法。
(2) 掌握 QF1 转换开关故障排除时的注意事项。

 【知识储备】

转换开关又称组合开关，与刀开关的操作不同，它是左右旋转的平面操作。转换开关具有多触点、多转换开关位置、体积小、性能可靠、操作方便、安装灵活等优点，多用于机床电气控制线路中电源的引入开关，起着隔离电源的作用，还可作为直接控制小容量异步电动机不频繁启动和停止的控制开关。转换开关同样也有单极、双极和三极。

转换开关的接触系统是由数个装嵌在绝缘壳体内的静触头座和可动支架中的动触头构成的。动触头是双断点对接式的触桥，在附有手柄的转轴上，随转轴旋至不同位置使电路接通或断开。定位机构采用滚轮卡棘轮结构，配置不同的限位件，可获得不同挡位的开关。转换开关由多层绝缘壳体组装而成，可立体布置，减小了安装面积，结构简单、紧凑，操作安全可靠。

转换开关可以按线路的要求组成不同接法的开关，以适应不同电路的要求。在控制和测量系统中，采用转换开关可进行电路的转换。例如：电工设备供电电源的倒换，电动机的正反转倒换，测量回路中电压、电压的换相，等等。用转换开关代替刀开关使用，不仅可使控制回路或测量回路简化，也能避免操作上的差错，还能够减少使用元件的数量。

转换开关是刀开关的一种发展，其区别为刀开关操作时是上下平面动作，而转换开关则是左右旋转平面动作，并且可制成多触头、多挡位的开关。

转换开关可作为电路控制开关、测试设备开关、电动机控制开关和主令控制开关，以及电焊机用转换开关等。转换开关一般应用于交流 50 Hz，电压 380 V 及以下，直流电压 220 V 及以下电路中转换电气控制线路和电气测量仪表。例如 LW5/YH2/2 型转换开关常用于转换测量三相电压。

组合开关适用于交流 50 Hz，交流电压 380 V 及以下，直流电压 220 V 及以下，作手动不频繁接通或分断的电路。其换接电源或负载可承载的电流一般较大。

【任务实施】

1. 思维导图

本任务的思维导图如图 1-3-1 所示。

图 1-3-1　QF1 转换开关故障诊断思维导图

2. 排查过程

根据思维导图设计排查过程如下:

2.1　检查接线

2.1.1　检查 1L1 导线

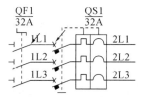

2.1.2　检查 1L2 导线

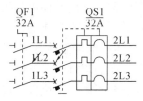

2.1.3　检查 1L3 导线

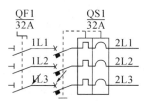

2.2　检查开关

2.2.1　检查 QF1 第一触头系统导通性

2.1　检查接线

注意事项:

要断开电源,禁止带电操作。

故障排除方法:

(1) 用万用表电阻挡检查 QF1 与 QS1 间导线是否断线,若有断线则更换之。

(2) 检查 QF1 与 QS1 间导线是否有松动脱落,若有则用螺丝刀拧紧。

2.2　检查开关

注意事项:
必须断开电源。

2.2.2 检查 QF1 第二触头系统导通性

QF1
32A
1L1
1L2
1L3

2.2.3 检查 QF1 第三触头系统导通性

QF1
32A
1L1
1L2
1L3

2.3 检查电压

2.3.1 测量 QF1 输入侧第一和第二两线之间电压

QF1
32A
1L1
1L2
1L3

2.3.2 测量 QF1 输入侧第一和第三两线之间电压

QF1
32A
1L1
1L2
1L3

2.3.3 测量 QF1 输入侧第二和第三两线之间电压

QF1
32A
1L1
1L2
1L3

故障排除方法:

(1) 在 QF1 闭合 QS1 断开的情况下,用万用表电阻挡检查 QF1 触点的接通情况,若不通则更换开关。

(2) 检查 QF1 触点表面情况,若有明显较大烧结情况发生,则要更换开关。

2.3 检查电压

注意事项:
万用表选交流挡,并选高电压挡。

故障排除方法:
用万用表检查电压是否正常。

【任务评价】

任务评价表

项目_____　　任务_____

姓名_____　　班级_____

评价项目	评 价 标 准	配分	个人自评	小组评价	教师评价
知识储备	资料收集、整理、自主学习	5			
任务实施	工具、配件等使用和摆放符合要求	5			
	严格按要求检修故障	20			
	正确排除故障	35			
	服从管理，遵守校规、校纪和安全操作规程	5			
任务思考	能实现知识的融汇	5			
	能提出创新方案	5			
	认真思考，考虑问题全面	5			
学习态度	主动学习	5			
	团队意识强	5			
	学习认真	5			
总　计		100			
综合评定 (个人30%，小组30%，教师40%)					
任务评语			年　　月　　日		

【任务思考】

(1) 在 QF1 转换开关故障排除过程中的注意事项是什么？除此之外还要注意什么？

(2) 在 QF1 转换开关故障排除过程中有什么技巧？

任务四　QS1 空气开关故障诊断与维修

【任务描述】

QS1 空气开关不仅可以对电路进行通断处理，而且可以对电路进行保护，防止电流过大对电路造成破坏。它对电路有重要意义，若其发生故障则整个电路供电不正常，会出现缺相，或者正常运转情况下会因误动作而引发断电。通过该任务的学习，让学生学会排查这类相关故障。

【任务目标】

(1) 掌握 QS1 空气开关故障特点。

(2) 掌握 QS1 空气开关故障排查方法。

(3) 掌握 QS1 空气开关故障排查时的注意事项。

【知识储备】

空气开关又名空气断路器，是断路器的一种，是一种只要电路中电流超过额定电流就会自动断开的开关。空气开关是低压配电网络和电力拖动系统中非常重要的一种电器，它集控制和多种保护功能于一身，除能完成接触和分断电路外，尚能对电路或电气设备发生的短路、严重过载及欠电压等进行保护，同时也可以用于不频繁地启动电动机。

脱扣方式有热动、电磁和复式脱扣三种。

当线路发生一般性过载时，过载电流虽不能使电磁脱扣器动作，但能使热元件产生一定热量，促使双金属片受热向上弯曲，推动杠杆使搭钩与锁扣脱开，将主触头分断，切断电源。当线路发生短路或严重过载电流时，短路电流超过瞬时脱扣整定电流值，电磁脱扣器产生足够大的吸力，将衔铁吸合并撞击杠杆，使搭钩绕转轴座向上转动与锁扣脱开，锁扣在反力弹簧的作用下将三副主触头分断，切断电源。

开关的脱扣机构是一套连杆装置。当主触点通过操作机构闭合后，就被锁钩锁在合闸的位置。如果电路中发生故障，则有关的脱扣器将产生作用使脱扣机构中的锁钩脱开，于是主触点在释放弹簧的作用下迅速分断。

按照保护作用的不同，脱扣器可以分为过电流脱扣器和欠压脱扣器等类型。

在正常情况下，过电流脱扣器的衔铁是释放着的；一旦发生严重过载或短路故障时，与主电路串联的线圈就将产生较强的电磁吸力把衔铁往下吸引而顶开锁钩，使主触点断开。欠压脱扣器的工作恰恰相反，在电压正常时，电磁吸力吸住衔铁，主触点才能得以闭合。一旦电压严重下降或断电时，衔铁就被释放而使主触点断开。当电源电压恢复正常时，必须重新合闸后才能工作，这样就实现了欠压保护。

以下是空气开关安装的环境要求。

(1) 周围空气温度：周围空气温度上限为 +40℃，下限为 -5℃；周围空气温度：24 h

的平均值不超过 +35℃。

(2) 海拔：安装地点的海拔不超过 2000 m。

(3) 大气条件：大气相对湿度在周围空气温度为 +40℃时不超过 50%；在较低温度下可以有较高的相对湿度；最潮湿月份的月平均最大相对湿度为 90%，同时该月的月平均最低温度为 +25℃，并要考虑到因温度变化发生在产品表面上的凝露。

(4) 污秽等级：污秽污染等级为 3 级。

 【任务实施】

1. 思维导图

本任务的思维导图如图 1-4-1 所示。

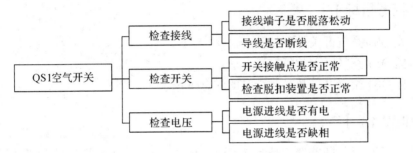

图 1-4-1　QS1 空气开关故障诊断思维导图

2. 排查过程

根据思维导图设计排查过程如下：

2.1　检查接线

2.1.1　检查 QS1 输出侧接线

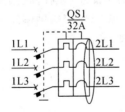

2.1.2　检查 QS1 输入侧接线

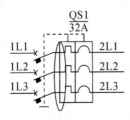

2.1　检查接线

注意事项：

必须在断电情况下操作。

故障排除方法：

(1) 检查 2L1/2L2/2L3 与 QS1 接线是否有松动，若松动拧紧即可。

(2) 检查 1L1/1L2/1L3 是否有断线，若有则及时更换。

2.2　检查开关

2.2.1　检查 1L1 和 2L1 之间的导通性

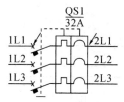

2.2.2　检查 1L2 和 2L2 之间的导通性

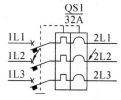

2.2.3　检查 1L3 和 2L3 之间的导通性

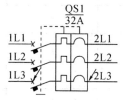

2.3　检查 QS1 空气开关电压

2.3.1　检查 1L1、1L2 之间的电压

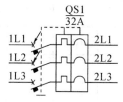

2.3.2　检查 1L1、1L3 之间的电压

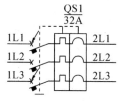

2.3.3　检查 1L2、1L3 之间的电压

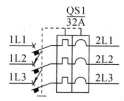

2.2　检查开关

注意事项：

(1) 必须断开电源。

(2) 要断开前后电路。

(3) 要合上断路器。

故障排除方法：

(1) 用万用表按图示进行两端通断检查，若不通则更换断路器。

(2) 若脱口装置故障损坏，则断路器合闸与分闸出现问题，这时要更换断路器。

2.3　检查 QS1 空气开关电压

注意事项：

注意劳动保护和安全。

故障排除方法：

(1) 若出现两相之间检测电压小于标称电压值时，说明有缺相；再与另外一相结合进行测量，判断哪一相无电。

(2) 若出现两相之间无电压显示，则说明两相均无电。

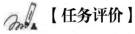 【任务评价】

任务评价表

项目＿＿＿＿＿＿＿＿＿＿＿＿＿＿＿＿＿＿ 任务＿＿＿＿＿＿＿＿＿＿＿＿＿＿＿＿＿＿＿

姓名＿＿＿＿＿＿＿＿＿＿＿＿＿＿＿＿＿＿ 班级＿＿＿＿＿＿＿＿＿＿＿＿＿＿＿＿＿＿＿

评价项目	评价标准	配分	个人自评	小组评价	教师评价
知识储备	资料收集、整理、自主学习	5			
任务实施	工具、配件等使用和摆放符合要求	5			
	严格按要求检修故障	20			
	正确排除故障	35			
	服从管理，遵守校规、校纪和安全操作规程	5			
任务思考	能实现知识的融汇	5			
	能提出创新方案	5			
	认真思考，考虑问题全面	5			
学习态度	主动学习	5			
	团队意识强	5			
	学习认真	5			
总　计		100			
综合评定 (个人 30%，小组 30%，教师 40%)					
任务评语					
			年　　　月　　　日		

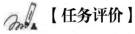 【任务思考】

(1) 在 QS1 空气开关检查过程中还有没有其他便捷方式或者其他便捷工具可供使用？

(2) 在 QS1 空气开关检查时要注意什么？

项目二 数控车床急停回路故障诊断与维修

002_项目二_512px.png

任务一 数控车床急停回路概述

 【任务描述】

急停回路是数控车床的重要回路，是保证机床安全的一种紧急制动回路。当急停故障发生后，数控系统进入急停状态，电源模块无动力电供电，伺服和主轴驱动器不能工作，必须排除后机床才能恢复正常。急停故障很可能是由急停按钮、行程开关等电气元件引发的，也可能是由伺服、主轴模块等引起的，可以通过电路检测或 PLC 梯形图在线诊断的方法快速进行故障定位并排除。

 【任务目标】

(1) 掌握急停回路的结构。
(2) 掌握急停回路故障诊断方法。
(3) 掌握急停回路故障现象。

 【知识储备】

1. 急停按钮

急停按钮也可以称为"紧急停止按钮"，业内简称急停按钮。顾名思义，急停按钮就是当发生紧急情况的时候，人们可以通过快速按下此按钮来保护设备。

在各种工厂里面，一些大中型机器设备或者电器上都可以看到醒目的红色按钮，标准的应该标示有与"紧急停止"含义相同的红色字体，这种按钮可统称为急停按钮。此按钮只需直接向下压下，就可以快速地让整台设备立即停止或释放一些传动部位。要想再次启动设备必须释放此按钮，也就是只需顺时针方向旋转大约 45°后松开，按下的部分就会弹起，即"释放"了此按钮。

2. PLC 的特点

(1) 可靠性高，抗干扰能力强。工业生产一般是在恶劣环境中进行高强度作业，这就要求其设备具有较高的可靠性和抗干扰能力。PLC 的 I/O 接口电路均采用光电隔离，使工业现场的外电路与 PLC 内部电路之间电气上隔离，各输入端均采用 RC 滤波器，各模块均采用屏蔽措施，并具有良好的自诊断功能。大型 PLC 还可以采用由双 CPU 构成冗余系统或由三 CPU 构成表决系统，使可靠性进一步提高。

(2) 丰富的 I/O 接口。在工业生产现场，存在各种不同的设备或变化的生产环境，为了在计算机中进行计算及采取控制措施，PLC 配备丰富的 I/O 模块，以便能够将现场的各种信号转换成 PLC 中可识别的信号。一般可将信号分为两种：离散信号、模拟信号。一些按钮、开关、电磁线圈和控制阀等器件通过传感器产生高低电平形成离散信号，一些温度、压力、速度等传感器通过其测量值映射为模拟信号，只要配备相应的采集装置，PLC 就可以通过 I/O 模块与现场装置进行互动。

(3) 编程简单，易学易用。PLC 作为通用工业控制计算机，接口简单，易于配置，编程语言也易于被工程技术人员所接受。尤其梯形图语言的图形符号能够形象地表达各种逻辑结构，不需要其使用人员具有专业的计算机知识便可完成编程工作，这就使得开发人员能将更多的精力放在工控设计方面，进而提高工作效率。

(4) 系统搭建容易，维护方便。PLC 用存储逻辑代替接线逻辑，即使用软逻辑代替硬逻辑。这样，一方面增加了逻辑运算的灵活性；另一方面大大减少了控制设备外部的接线，使控制系统结构更加简易实用，系统搭建周期大为缩短。系统维护也很简单，因为系统的硬件相对较少，故改变系统结构的工作量也就较少，如果无需改变硬件结构，则只需要对系统重新进行软件组态即可。

【任务实施】

1. 急停回路相关电路和 PLC 程序

急停回路相关电路图和 PLC 程序是数控车床急停回路故障诊断与维修的基础，在进行数控车床急停回路故障诊断与排除之前必须要掌握急停回路相关电路和 PLC 程序，才能为正确判断和排除相关故障点提供保障。急停回路相关电路和 PLC 程序相关图形如图 2-1-1 至图 2-1-5 所示。

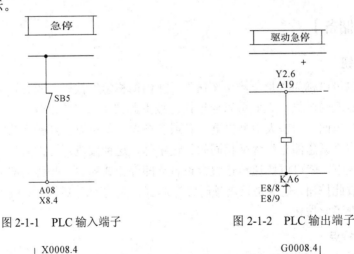

图 2-1-1　PLC 输入端子　　　　　图 2-1-2　PLC 输出端子

图 2-1-3　PLC 控制程序

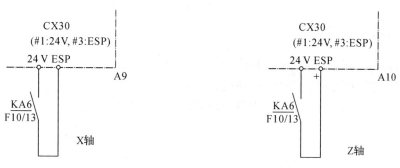

图 2-1-4　X 轴伺服驱动急停接口　　　　图 2-1-5　Z 轴伺服驱动急停接口

2. 急停故障诊断思维导图

在掌握数控车床急停回路相关电路和 PLC 程序的基础上，根据故障现象以及数控车床急停回路相关电路和 PLC 程序组成构建数控车床急停回路故障思维导图，为判断和排除数控车床急停回路故障做好规划。数控车床急停电路故障诊断思维导图如图 2-1-6 所示。

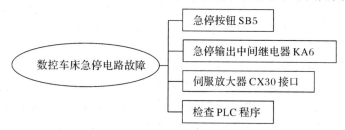

图 2-1-6　数控车床急停电路故障诊断思维导图

　【任务评价】

(1) 写出学习该任务的心得体会。

(2) 对该电路有何建议？

　【任务思考】

(1) 急停回路由哪些部分组成？

(2) 急停回路的功能有哪些？

任务二　急停按钮 SB5 电路故障诊断与维修

【任务描述】

急停按钮是在机床发生紧急情况时由操作人员紧急拍下的，以达到保护机床和人身安全的目的。该按钮在使用过程中采用常闭触点来控制机床电路，这样能更好地保护机床和操作人员。当急停按钮及其相关电路发生故障时就会影响机床正常运转，本任务学习急停按钮电路故障的诊断与维修方法。

【任务目标】

(1) 掌握急停按钮 SB5 的功能特点。

(2) 掌握急停按钮 SB5 的相关电路机构。

(3) 掌握急停按钮 SB5 及相关电路的故障特点和排除步骤。

 【知识储备】

机电设备安全维护维修制度的主要内容。

(1) 操作人员和维(检)修人员应做到正确使用、精心维护,用严肃的态度和科学的方法维护保养好设备。坚持维护保养与检修并重,严格执行岗位责任制,确保在用设备完好。

(2) 设备操作维护保养人员对所使用的设备做到懂结构、懂性能、懂用途;会使用、会保养、会检查、会排除故障。设备操作维护保养人员有权制止他人私自动用自己操作的设备;若设备超负荷运行或他人违章操作设备则保养人员有权制止;发现设备运转不正常、超期不检修和安全保护装置不符合规定时应立即上报,如使用人员不立即处理和采取相应措施,则有权停止其使用。

(3) 操作人员必须做好下列各项主要工作:

① 正确使用设备,严格遵守操作规程,启动前认真检查、准备,运行时精细操作,认真执行操作指标,不准超温、超压、超速、超负荷运行,停机后详细检查,做好维护保养工作。

② 精心维护保养,严格执行巡回检查制。运用"五字操作法"(听、擦、闻、看、比),定时按巡回检查路线对设备进行仔细检查,发现问题及时处理,排除隐患。搞好设备清洁、润滑、紧固、调整和防腐工作。保持零配件、附件完整无缺。

③ 掌握设备故障的预防、判断和紧急处理措施,保持安全防护装置完整有效。

④ 设备有计划运行,定期切换,配合检修人员搞好备用设备的检修工作,使其经常保持完好状态,保证随时可以启动运行。对备用设备要定时盘车,搞好防冻、防凝等工作。

(4) 搞好设备润滑。严格执行矿用设备润滑管理制度,同时对润滑部位和油箱等定期进行清洗换油。

(5) 操作人员必须认真执行交接班制度。

(6) 设备检修人员应按时进行巡回检查,发现问题及时处理,配合操作人员搞好安全生产。

(7) 库内所有设备、设施等维护工作,必须明确分工,并及时做好防冻、防凝、保温、保冷、防腐、堵漏等工作。

(8) 各单位的设备、建筑物、设备基础应保持完整,定期检查、测定,并采取防潮、防汛、防冻、防尘、防腐蚀措施。保证设备仪表和安全装置齐全完好,并按规定做定期检验、调整。

(9) 搞好本岗位范围内设备、管线、仪表盘、基础、地面、房屋建筑等设施的清洁卫生。

(10) 维护人员对分管范围内的设备负有维护责任,做到定时上岗;有特殊规定的按规定时间进行检查。维护人员应主动向操作人员了解设备运行情况,发现设备缺陷及故障,及时消除;不能立即消除的缺陷及故障要及时报告上级领导,并在设备检修中彻底排除。

(11) 操作人员发现设备运行不正常,要立即检查原因并及时处理。在紧急情况下,应采取果断措施或立即停车,及时汇报并通知有关岗位人员,不弄清原因和不排除故障的,不得盲目开车。已处理和未处理的故障,必须向下一班操作人员交代清楚。

(12) 未经同意,不能任意将配套设备拆开使用。闲置设备要按规定办理清账手续。待修或代保管的闲置设备,由所管辖单位负责维护保养,相关部门要进行定期检查。

 【任务实施】

1. 思维导图

本任务的思维导图如图 2-2-1 所示。

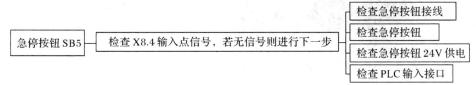

图 2-2-1　急停按钮 SB5 故障诊断思维导图

2. 排查过程

本任务的故障排查过程如下所示:

2.1　检查急停按钮接线

2.1.1　检查 SB5 输入侧导线

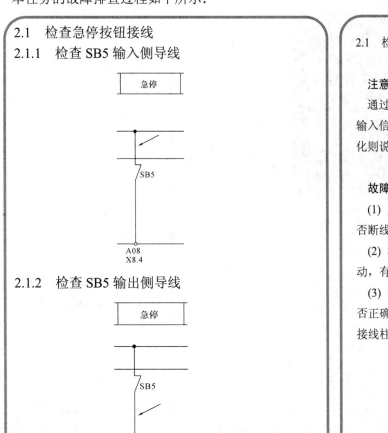

2.1.2　检查 SB5 输出侧导线

2.1　检查急停按钮接线

注意事项:

通过 PLC 程序观察 X8.4 输入信号有无变化,如有变化则说明有信号输入。

故障排除方法:

(1) 用万用表检查导线是否断线,若有则进行更换。

(2) 检查接头螺丝是否松动,有则拧紧。

(3) 检查急停按钮接线是否正确,不能接在常开触点接线柱上。

2.2　检查急停按钮

2.2.1　急停按钮外形

2.3　检查急停按钮 24 V 供电

2.3.1　测量急停接线端子排 XT0 中 11 号线和 M 号线之间的电压

XT0 端子

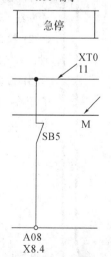

2.2　检查急停按钮

故障排除方法：

(1) 检查急停按钮复位是否正常，如不正常则进行更换。

(2) 检查触点是否正常，不正常则进行更换。

2.3　检查急停按钮 24 V 供电

注意事项：

(1) 选择万用表直流挡。

(2) 数字型万用表量程不能小于 24 V。

(3) 注意万用表正负极。

故障排除方法：

(1) 用万用表检查 XT0 端子排 11 号线与 M 号线之间的电压值。

2.3.2　检查 DC 24 V 电源输出端电压

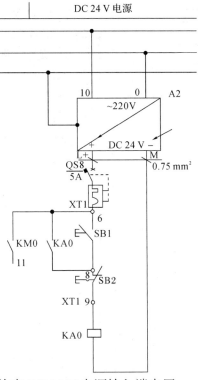

2.3.3　检查 DC 24 V 电源输入端电压

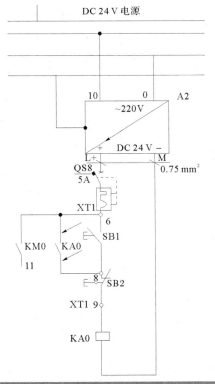

(2) 若无电压则继续检查 11 号线和 M 号线的电源。

(3) 若电源未输出 24 V 电压，则检查该电源的供电电压是否为 220 V。若是，则为 24 V 电源故障，更换 24 V 电源即可。

2.3.4　检查 QS8

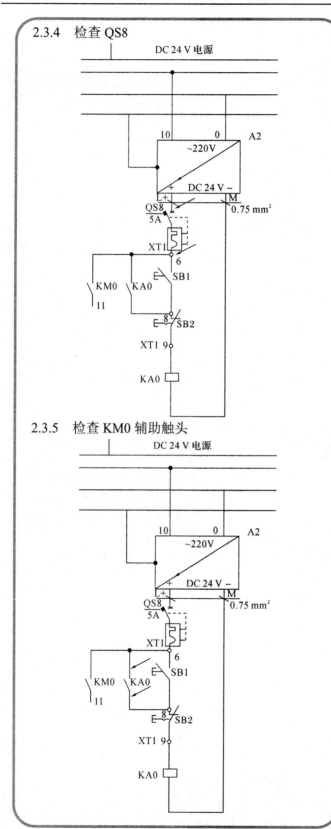

2.3.5　检查 KM0 辅助触头

(4) 若 24 V 电源输出为 24 V 电压，则检查 QS8 空气开关是否合闸，若未合闸，则合闸即可。若合闸后依旧存在故障，则检查开关触点是否正常，不正常则进行更换；正常则检查 KM0 触点是否闭合。

(5) 检查 KA0 触点接线是否正常，若正常则检查 KA0 线圈电路。(注：转换万用表为交流挡。)

2.3.6　检查 KM0 线圈

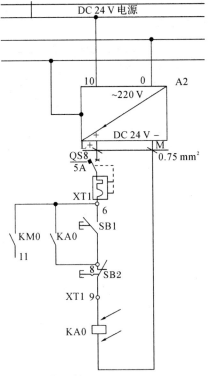

2.4　检查 PLC 输入接口

2.4.1　检查 X8.4

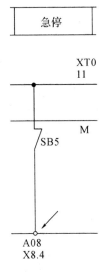

2.4.2　检查 PLC 程序

```
  X0008.4                              G0008.4
├──┤ ├───────────────────────────────( )──┤
  X0008.4                              Y0002.6
├──┤ ├───────────────────────────────( )──┤
```

(6) 检查 KA0 线圈接线是否正常，若接线正常则 KA0 线圈故障，更换 KA0 线圈。

2.4　检查 PLC 输入接口

故障排除方法：

在相关外围电路检查无误的情况下，若观察到 PLC 梯形图中相应信号标识仍无信号变化，则可判为接口损坏，更换为备用接口并在 PLC 程序中做相应变更。

【任务评价】

任务评价表

项目＿＿＿＿＿＿＿＿＿＿＿＿＿　　任务＿＿＿＿＿＿＿＿＿＿＿＿＿

姓名＿＿＿＿＿＿＿＿＿＿＿＿＿　　班级＿＿＿＿＿＿＿＿＿＿＿＿＿

评价项目	评价标准	配分	个人自评	小组评价	教师评价
知识储备	资料收集、整理、自主学习	5			
任务实施	工具、配件等使用和摆放符合要求	5			
	严格按要求检修故障	20			
	正确排除故障	35			
	服从管理，遵守校规、校纪和安全操作规程	5			
任务思考	能实现知识的融汇	5			
	能提出创新方案	5			
	认真思考，考虑问题全面	5			
学习态度	主动学习	5			
	团队意识强	5			
	学习认真	5			
总　计		100			
综合评定 (个人30%，小组30%，教师40%)					
任务评语					
			年　　　月　　　日		

【任务思考】

(1) 在急停按钮故障排除过程中，最后一步的 PLC 输入接口故障判断有没有其他方法？

(2) 在急停按钮故障排除过程中要注意哪些特别的地方？

任务三　伺服急停 KA6 电路故障诊断与维修

【任务描述】

急停输出中间继电器 KA6 是连接 PLC 与外围电路的枢纽，其作用是将 PLC 中急停程序处理结果转换成外围电路信号，对外围电路进行控制，以达到保护机床和操作人员的作用。因此，该继电器对外部电路执行急停保护非常重要。该继电器及其周围相关电路都是故障排查重点。通过本任务能够使学生掌握其排除方法和注意要点。

【任务目标】

(1) 掌握急停输出回路结构组成。
(2) 掌握急停输出回路故障特点。
(3) 掌握急停输出回路故障排除过程。

【知识储备】

中间继电器(Intermediate Relay)用于继电保护与自动控制系统中，以增加触点的数量及容量，还被用于在控制电路中传递中间信号。中间继电器的延时方式主要有两种，分别是通电延时和断电延时，安装方式主要分为固定式、凸出式、嵌入式、导轨式。中间继电器一般是没有主触点的，因为过载能力比较小，所以它用的全部都是辅助触头，数量比较多。

中间继电器就是个普通继电器，都是由固定铁芯、动铁芯、弹簧、动触点、静触点、线圈、接线端子和外壳组成。线圈通电，动铁芯在电磁力作用下动作吸合，带动动触点动作，使常闭触点分开，常开触点闭合；线圈断电，动铁芯在弹簧的作用下带动动触点复位。

在工业控制线路和现在的家用电器控制线路中，常常会有中间继电器存在，对于不同的控制线路，中间继电器的作用有所不同，其在线路中的常见作用有以下几种：

(1) 代替小型接触器。中间继电器的触点具有一定的带负荷能力，当负载容量比较小时，可以用来替代小型接触器使用，比如电动卷闸门和一些小家电的控制。这样不仅可以起到控制的目的，而且可以节省空间，使电器的控制部分做得比较精致。

(2) 增加接点数量。在电路控制系统中，线路中增加一个中间继电器，不仅不会改变控制形式、增加接点数量，而且便于维修。

(3) 增加接点容量。中间继电器的接点容量虽然不是很大，但也具有一定的带负载能力，同时其驱动所需的电流又很小，因此可以用中间继电器来扩大接点容量。而在控制线路中使用中间继电器，可通过中间继电器来控制其他负载，达到扩大控制容量的目的。

(4) 转换接点类型。在工业控制线路中常常会出现这样的情况，控制要求需要使用接触器的常闭接点才能达到控制目的，但是接触器本身所带的常闭接点已经用完，无法完成控制任务，这时可以将一个中间继电器与原来的接触器线圈并联，用中间继电器的常闭接点去控制相应的元件，转换一下接点类型，达到所需要的控制目的。

(5) 用作开关。在一些控制线路中，一些电器元件的通断常常使用中间继电器，用其接点的开闭来控制。如彩电或显示器中常见的自动消磁电路，由三极管控制中间继电器的通断，从而达到控制消磁线圈通断的作用。

(6) 转换电压。在工业控制线路中电压是 DC24V，而电磁阀的线圈电压是 AC220V，安装一个中间继电器，可以将直流与交流、高压与低压分开，便于以后的维修并有利于安全使用。

(7) 消除电路中的干扰。在工业控制或计算机控制线路中，虽然有各种各样的干扰抑制措施，但干扰现象还是或多或少地存在着，在内部加入一个中间继电器，可以达到消除干扰的目的。

 【任务实施】

1. 思维导图

本任务实施的思维导图如图 2-3-1 所示。

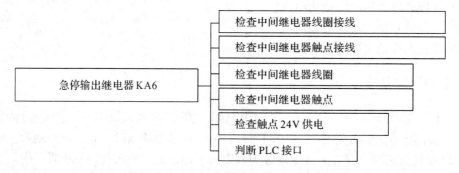

图 2-3-1　急停输出继电器 KA6 故障诊断思维导图

2. 排查过程

本任务的故障排查过程如下所示：

2.1　检查中间继电器线圈接线 2.1.1　检查 KA6 输入侧导线 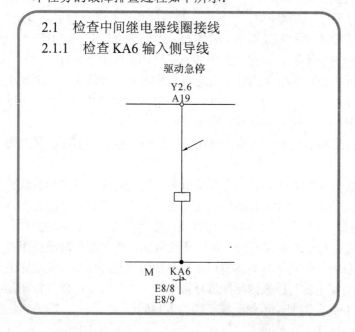	2.1　检查中间继电器线圈接线 **注意事项：** 检查时要断电并拆下接线端子，查完之后要接上。 **故障排除方法：** (1) 用万用表检查导线通断，断则换线。

2.1.2 检查 KA6 输出侧导线

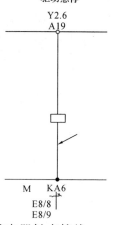

2.2 检查中间继电器触点接线

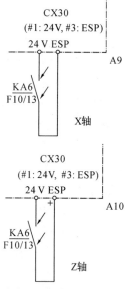

2.3 检查中间继电器线圈

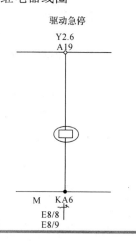

(2) 同时检查有没有螺丝松动，若有则拧紧。

2.2 检查中间继电器触点接线

(1) 拉动箭头所指导线，检查 KA6 触点处有无松动，有则拧紧。

(2) 检查 KA6 触点与 CX30 之间导线有无断线，有则更换导线。

2.3 检查中间继电器线圈

注意事项：

在断电的情况下，可取下继电器。

故障排除方法：

(1) 在通电时，继电器指示灯不亮，可拆下继电器检查线圈是否正常。如不正常则进行更换。

(2) 检查继电器线圈电压是不是 24 V，不是则检查 PLC 输出电压。

2.4 检查中间继电器触点

2.5 检查触点 24 V 供电

2.5.1 检查 XT1 端子排中 11 和 M 之间的电压

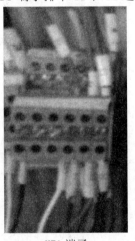

XT1 端子

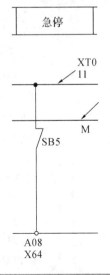

2.4 检查中间继电器触点

故障排除方法：

观察其触点有无焦黑现象，有则进行更换。

2.5 检查触点 24 V 供电

注意事项：

(1) 选择万用表直流挡。

(2) 数字型万用表量程不能小于 24 V。

(3) 注意万用表正负极。

故障排除方法：

(1) 用万用表检查 XT0 端子排 11 号线与 M 号线之间的电压值。

2.5.2　检查 DC 24 V 电源输出侧电压

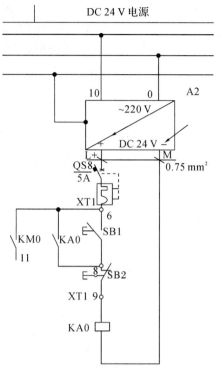

(2) 若无电压则继续检查 11 号线和 M 号线的 24 V 电源。

2.5.3　检查 DC 24 V 电源输入侧电压

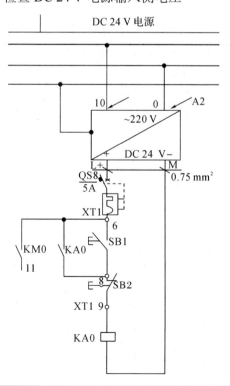

(3) 若电源未输出 24 V 电压，则检查该电源的供电电压是否为 220 V。若是，则为 24 V 电源故障，更换 24 V 电源即可。

2.5.4　检查 QS8

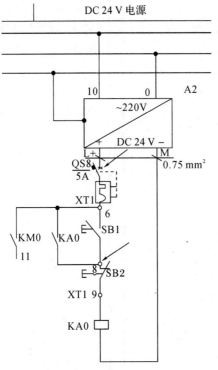

(4) 若 24 V 电源输出确为 24 V 电压,则检查 QS8 空气开关是否合闸,若未合闸,则合闸即可。若合闸后依旧存在故障,则检查开关触点是否正常,不正常则进行更换;正常则检查 KM0 触点是否闭合。

2.5.5　检查 KA0 辅助触点

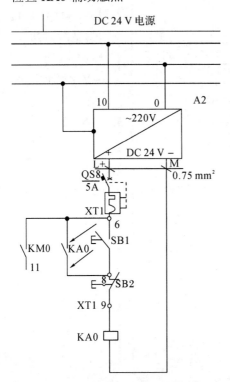

(5) 检查 KA0 触点接线是否正常,若正常则检查 KA0 线圈电路。(注:转换万用表为交流挡。)

2.5.6　检查 KA0 线圈

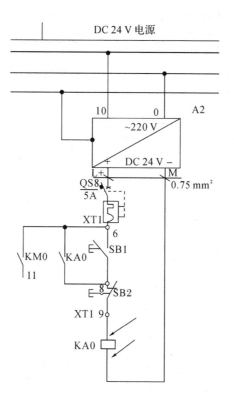

2.6　判断 PLC 接口

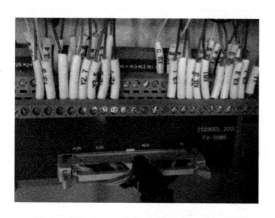

(6) 检查 KA0 线圈接线是否正常，若接线正常则 KA0 线圈故障，更换 KA0 线圈。

2.6　判断 PLC 接口

故障排除方法：

在前面故障全部排除的情况下，基本可以确定是 PLC 端口问题，更换备用端口即可解决问题。

【任务评价】

任务评价表

项目_____ 任务_____
姓名_____ 班级_____

评价项目	评价标准	配分	个人自评	小组评价	教师评价
知识储备	资料收集、整理、自主学习	5			
任务实施	工具、配件等使用和摆放符合要求	5			
	严格按要求检修故障	20			
	正确排除故障	35			
	服从管理，遵守校规、校纪和安全操作规程	5			
任务思考	能实现知识的融汇	5			
	能提出创新方案	5			
	认真思考，考虑问题全面	5			
学习态度	主动学习	5			
	团队意识强	5			
	学习认真	5			
总　　计		100			
综合评定 (个人30%，小组30%，教师40%)					
任务评语			年　　　　月　　　　日		

【任务思考】

(1) 在急停输出继电器 KA6 故障排除过程中可不可以借鉴其他地方的故障排除方法？

(2) 在急停输出继电器 KA6 故障排除过程中有哪些注意要点？

任务四　伺服放大器 CX30 接口电路故障诊断与维修

【任务描述】

　　发那科伺服放大器 CX30 接口是连接数控系统发出急停保护信号的接口，通过该接口可以触发伺服驱动器紧急保护机制，实现对电机的紧急制动，保护机床和操作人员安全。

本任务的目的就是来解决有关 CX30 接口可能导致的误动作，提高系统稳定运行的概率。

 【任务目标】

(1) 掌握 CX30 接口的特征。

(2) 掌握 CX30 接口误动作特点。

(3) 掌握 CX30 接口误动作排除方法。

 【知识储备】

逻辑测试笔是一种新颖的测试工具，它能代替示波器，万用表等测试工具，通过转换开关，对 TTL、CMOS、DTL 等数字集成电路构成的各种电子仪器设备(电子计算机、程序控制、数字控制、群控装置)进行检测、调试与维修使用。

逻辑测试笔具有重量轻、体积小，使用灵活，清晰直观，判别迅速正确，携带方便以及可与 TTL 和 CMOS 兼容使用等优点。

逻辑测试笔的特点有：

(1) 具备检测低、高、脉冲电平，脉冲状态及脉冲计数等功能，它们分别将低(L)、高(H)、脉冲(n)用灯显示。笔上的 4、5 灯是循环计数，其顺序为 00、01、10、11，响应频率≥1 MHz。

(2) 输入阻抗≥100 kΩ，阈值准确，不影响被测点电平的逻辑状态。

(3) 特别适用于示波器不易捕捉观察的长周期窄脉冲信号及速度较高的暂态信号。

(4) 使用熟练后可根据经验估计基电平的高低及脉冲空度比，并可查寻干扰信号及其来源。

LP 系列逻辑笔用于测量 TTL 电平的逻辑和脉冲信号，其测量带宽达到 200 MHz，并以 10 Hz、100 Hz、1 kHz、10 kHz、100 kHz、1 MHz、10 MHz、100 MHz 为分界指示出被测信号的频率，其独特的九段频率声光指示器清晰易记、非常实用。

LP 系列的 LED 指示灯具有三种颜色和三种闪烁速率。蓝色表示被测信号频率在 Hz 量纲频段，绿色表示在 kHz 量纲频段，红色表示在 MHz 量纲频段；低速闪烁(每秒一次)表示被测信号频率为数个量级，中速闪烁(每秒二次)表示被测信号频率为数十量级，高速闪烁(每秒四次)表示被测信号频率为数百量级。

LP 系列的蜂鸣器具有三种音调和三种通断速率。低音表示被测信号频率在 Hz 量纲频段，中音表示在 kHz 量纲频段，高音表示在 MHz 量纲频段；低速通断(每秒一次)表示被测信号频率为数个量级，中速通断(每秒二次)表示被测信号频率为数十量级，高速通断(每秒四次)表示被测信号频率为数百量级。LP 系列的蜂鸣器带有开关，可以满足静音需求。

LP 系列还能够捕捉单个脉冲信号，它具有不会丢失的全时监视能力，其 LED 指示灯和蜂鸣器都会对单个脉冲做出反应。

除了测量脉冲信号外，LP 系列逻辑笔在测量状态信号时也具有独到的功能：它能分辨出被测信号的高阻抗状态(悬空状态)。LED 指示灯发出红色表示被测信号是高电平，蓝色表示是低电平，而绿色则表示被测点处于高阻抗状态。在高电平时蜂鸣器发出中音，低电平时蜂鸣器发出低音，而高阻抗状态时蜂鸣器是静默的。

在机械工程方面，LP 系列逻辑笔也有独到之处，它配备了独特的精密防颤测试探针，能够点测非常微小的电路，并可以消除人手抖动造成的干扰。另外 LP 系列的信号和电源均采用"0.64 mm PIN"标准插接接口，可以与多种夹具连接，比如它的信号输入端子可以直接安装精密测试夹，整体钳夹住 SMD 元件的引脚做长时间测量。

LP 系列逻辑笔的保护功能非常完善，它的输入端子可以耐受 8000 V 静电冲击和 ±60 V 电源冲击。LP 系列可以使用 4～16 V 的直流电源供电，它的电源端子可以耐受 2000 V 静电冲击，并且具备电源接反保护特性。除此之外，LP 系列的内部还带有过热保护系统。

 【任务实施】

1. 思维导图

伺服放大器 CX30 接口故障诊断思维导图如图 2-4-1 所示。

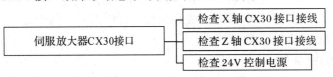

图 2-4-1　伺服放大器 CX30 接口故障诊断思维导图

2. 排查过程

本任务的故障排查过程如下所示：

2.1　检查 X 轴 CX30 接口接线

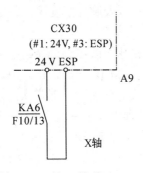

2.2　检查 Z 轴 CX30 接口接线

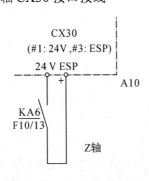

2.1　检查 X 轴 CX30 接口接线

（1）检查接口引脚是否正确，否则进行更正。

（2）检查接线与接线端子是否连接可靠，否则重新接线。

（3）检查 CX30 接口与伺服放大器安装是否可靠，否则重新插拔安装到位。

2.2　检查 Z 轴 CX30 接口接线

（1）检查接口引脚是否正确，如不正确则进行更正。

（2）检查接线与接线端子是否连接可靠，如不可靠则重新接线。

（3）检查 CX30 接口与伺服放大器安装是否可靠，如不可靠则重新插拔安装到位。

2.3　检查 24 V 控制电源

2.3.1　检查 24 V 与 ESP 端子之间的电压

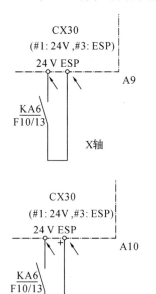

2.3.2　检查 11 和 M 之间的电压

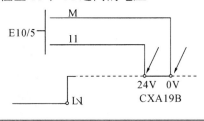

2.3　检查 24 V 控制电源

(1) 用万用表直流挡检测电压值。

(2) 若 CX30 没有 24 V，则检查 CXA19B 的控制电压 24 V 是否正常，若正常则 CX30 接口故障，需返厂维修。

【任务评价】

任务评价表

项目＿＿＿＿＿＿＿＿＿＿＿＿＿　　任务＿＿＿＿＿＿＿＿＿＿＿＿＿

姓名＿＿＿＿＿＿＿＿＿＿＿＿＿　　班级＿＿＿＿＿＿＿＿＿＿＿＿＿

评价项目	评　价　标　准	配分	个人自评	小组评价	教师评价
知识储备	资料收集、整理、自主学习	5			
任务实施	工具、配件等使用和摆放符合要求	5			
	严格按要求检修故障	20			
	正确排除故障	35			
	服从管理，遵守校规、校纪和安全操作规程	5			

续表

评价项目	评 价 标 准	配分	个人 自评	小组 评价	教师 评价
任务思考	能实现知识的融汇	5			
	能提出创新方案	5			
	认真思考，考虑问题全面	5			
学习 态度	主动学习	5			
	团队意识强	5			
	学习认真	5			
总　　　计		100			
综合评定 (个人30%，小组30%，教师40%)					
任务评语		年　　　月　　　日			

【任务思考】

(1) 在伺服放大器 CX30 接口电路故障排除过程中有什么注意事项？

(2) 在伺服放大器 CX30 接口电路故障排除过程中，CX30 接口接线要注意什么？

任务五　急停 PLC 程序检查

【任务描述】

PLC 是现代工业控制中不可缺少的产品，它的存在保证了产品的稳定和产品体积的缩小。在数控机床中同样离不开 PLC，并且数控机床中的急停处理也要通过 PLC 处理。通过本任务可以进一步分析急停报警与 PLC 程序之间的关系。

【任务目标】

(1) 掌握简单的急停 PLC 程序。

(2) 掌握急停 PLC 程序结构组成。

(3) 掌握机床中 PLC 查看过程。

【知识储备】

PLC 系统调试是系统在正式投入使用之前的必经步骤。与继电器接触器控制系统不同，PLC 控制系统既有硬件部分的调试，还有软件部分的调试。与继电器接触器控制系统相比，PLC 控制系统的硬件调试要相对简单，主要是 PLC 程序的调试。PLC 系统调试一般可按以下几个步骤进行：

(1) 应用程序离线调试；

(2) 控制系统硬件检查；

(3) 应用程序在线调试；

(4) 现场调试。

调试后总结整理完相关资料，系统就可以正式投入使用。

1. 通电前检查

通电前一般先确认 PLC 位于"STOP"工作方式。

(1) 检查各电器元件的安装位置是否正确。

(2) 用万用表或其他测量设备检查各控制台(柜)之间的连线，现场检测开关和操作开关等输入器件，检测电动机和电磁阀等输出器件与控制台(柜)之间的连线是否正确。

注意：重点检查交直流间、不同电压等级间及相间、正负极之间是否有误接线。

(3) 检查各操作开关、检测开关等电器元件是否处于原始位置。

(4) 检查被控设备上、被控设备附近是否有阻挡物(尤其看是否有临时线)、是否有人员施工等。

对于采用远程 I/O 或现场总线控制的 PLC 系统，可能控制台(柜)较多，硬件投资又较大，因此更要重视系统硬件电路通电前检查这一步，一般也是按照上述步骤首先检查各个控制台(柜)，然后重点检查总控制台(柜)与分台(柜)之间的动力线和通信线。尤其在采用电缆的情况时，不仅要看电缆内的导线颜色，还需要用万用表等检测设备进行检查。电缆内出现导线颜色中间改变的情况已屡见不鲜，因此检查时需特别注意。

2. 通电检查

(1) 检查供电电源。接通总电源开关，一路一路接通主回路和控制回路电源。接通某一路后，一般先观察一段时间，如有异常，立刻断开电源检查原因，无异常再接通下一路。

对于前面所述采用远程 I/O 或现场总线控制的 PLC 系统，通电步骤应该是首先确认分控制台(柜)电源开关断开，总控制台(柜)通电后先用万用表等检测设备检查总控制台(柜)本身电源及外供电源是否正确，然后一台一台依次测量分控制台(柜)电源进线电压正常后再给分控制台(柜)供电，这样万一发生电源供电错误，能使损失降到最低。电源供电正常后，连通通信，设定站点地址等参数，检查 I/O 点。

(2) 检查输入点。一般最少需要两人配合，一人对照现场信号布置图，按照工艺流程或输入点编号地址，依次人为地现场操作开关和检测开关；另一人在控制台(柜)旁按现场人员的要求检查输入点的状态，现场范围较大时一般需有对讲设备。按此方法依次检查各输入点。

(3) 检查输出点。输出点的检查也可采用强制的方法，但一般是借助一些已检查无误的操作开关再编制一小段点动方式动作的调试程序，一人对照现场信号布置图，按照工艺流程或输出点编号地址在现场观察，另一人在控制台(柜)旁按现场人员的要求给出输出点的状态，依次检查全部输出点。这一步还要按工艺及原理调整好电动机的旋转方向、电磁阀的位置及其他执行机构的相应状态。

3. 单机或分区调试

为调试方便，可依分控制柜所完成的控制功能、控制规模或工艺过程等，将一个复杂系统人为划分成多个功能区，然后分区进行调试。

4. 联机总调试

分区调试完毕，分析各个分区之间的关系，将各个分区联系起来即完成联机总调试。

下载程序包括：PLC 程序、触摸屏程序、显示文本程序等。将写好的程序下载到相应的系统内，并检查系统的报警。通常调试工作不会很顺利的，总会出现一些系统报警，一般是因为内部参数未设定或是外部条件构成了系统报警的条件。这就需要根据调试者的经验进行判断，首先对配线再次进行检查，确保配线正确，如果还不能解决故障报警，就要对 PLC 等的内部程序进行详细的分析，逐步分析确保程序正确无误。

5. 参数设定

参数设定包括显示文本、触摸屏、变频器、二次仪表等的参数设定，并记录。

6. 设备功能调试

排除上电后的报警就要对设备功能进行调试，首先要了解设备的工艺流程，然后进行手动空载调试。注意，手动工作动作无误后再进行自动的空载调试。

空载调试完毕后，进行带载调试，并记录调试电流、电压等的工作参数。

调试过程中，不仅要调试各部分的功能还要对设置的报警进行模拟，确保故障条件满足时能够实现真正的报警。

对于需要对设备进行加温且恒温的试验，要记录加温恒温曲线，确保设备功能完好。

7. 系统联机调试

完成单台设备的调试后再进行前机与后机的联机调试。

8. 检测设备稳定性

连续长时间的试运行，依此检测设备工作的稳定性。

9. 调试完毕

设备调试完毕要进行报检，并对调试过程中的各种记录备档。

 【任务实施】

1. 思维导图

PLC 程序检查思维导图如图 2-5-1 所示。

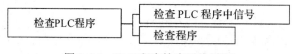

图 2-5-1 PLC 程序检查思维导图

2. 排查过程

PLC 程序故障排查过程如下：

2.1　检查程序信号

2.1.1　检查 X8.4

```
X0008.4                          G0008.4
─┤←├─────────────────────────────( )─
X0008.4                          Y0002.6
─┤├──────────────────────────────( )─
```

2.1.2　检查 G8.4

```
X0008.4                          G0008.4
─┤├──────────────────────────────( )←
X0008.4                          Y0002.6
─┤├──────────────────────────────( )─
```

2.1.3　检查 X8.4

```
X0008.4                          G0008.4
─┤├──────────────────────────────( )─
X0008.4                          Y0002.6
─┤←├─────────────────────────────( )─
```

2.1.4　检查 Y2.6

```
X0008.4                          G0008.4
─┤←├─────────────────────────────( )─
X0008.4                          Y0002.6
─┤├──────────────────────────────( )←
```

2.2　检查程序

```
X0008.4                          G0008.4
─┤├──────────────────────────────( )─
X0008.4                          Y0002.6
─┤├──────────────────────────────( )─
```

2.1　检查程序信号

(1) X8.4 是系统规定的输入点，用户不可更改。

(2) 检查触点信号是否正确，不能选择常闭触点，否则程序一开机就急停报警。

(3) G8.4 是系统规定 PLC 与 CNC 交流通信的接点，用户不可更改。

(4) 检查触点有无错误，不能选择常闭触点。

(5) 检查输出点选择与实际接线是否相符，不符则更正为正确的输出点。

2.2　检查程序

(1) 检查程序有无逻辑错误。

(2) 检查程序有没有安全漏洞。

(3) 检查程序的优先级。

【任务评价】

任务评价表

项目＿＿＿＿＿＿＿＿＿＿＿＿　任务＿＿＿＿＿＿＿＿＿＿＿＿

姓名＿＿＿＿＿＿＿＿＿＿＿＿　班级＿＿＿＿＿＿＿＿＿＿＿＿

评价项目	评 价 标 准	配分	个人自评	小组评价	教师评价
知识储备	资料收集、整理、自主学习	5			
任务实施	工具、配件等使用和摆放符合要求	5			
	严格按要求检修故障	20			
	正确排除故障	35			
	服从管理，遵守校规、校纪和安全操作规程	5			

续表

评价项目	评价项目	评价项目	评价项目	评价项目	评价项目
任务思考	能实现知识的融汇	5			
	能提出创新方案	5			
	认真思考，考虑问题全面	5			
学习态度	主动学习	5			
	团队意识强	5			
	学习认真	5			
总　　计		100			
综合评定 （个人 30%，小组 30%，教师 40%）					
任务评语		年　　　月　　　日			

【任务思考】

(1) PLC 程序的查看过程是什么？

(2) 机床 PLC 中触点能否随便更改？

003_项目三_512px.png

项目三　数控车床主轴故障诊断与维修

任务一　数控车床主轴故障点概述

 【任务描述】

数控车床主轴指的是机床上带动工件旋转的轴，是在机床中消耗功率最大的轴。它是为机床切削加工提供动力的。数控车床主轴由机械部分和电气部分两部分组成，其中，机械部分通常由主轴、轴承和传动件(齿轮或带轮)等组成；而电气部分由变频器、制动电阻等组成。本次任务的学习就是为了解电气部分故障的排除方法。

 【任务目标】

(1) 掌握数控车床主轴的电气组成结构。

(2) 掌握数控车床主轴的常见电气故障点。

 【知识储备】

低压通用变频输出电压为 380～650 V，输出功率为 0.75～400 kW，工作频率为 0～400 Hz，它的主电路都采用"交—直—交"电路。

1. 变频器控制方式

第一代——U/f=C 的正弦脉宽调制(SPWM)控制方式。

这种控制方式的特点是控制电路结构简单、成本较低，机械特性硬度也较好，能够满足一般传动的平滑调速要求，已在产业的各个领域得到广泛应用。但是，这种控制方式在低频时，由于输出电压较低，转矩受定子电阻压降的影响比较显著，因此使输出最大转矩减小。另外，其机械特性终究没有直流电动机硬，动态转矩能力和静态调速性能都还不尽如人意，且系统性能不高、控制曲线会随负载的变化而变化，转矩响应慢、电机转矩利用率不高，低速时因定子电阻和逆变器死区效应的存在而性能下降、稳定性变差等，所以人们又研究出矢量控制变频调速。

第二代——电压空间矢量(SVPWM)控制方式。

这种控制方式是以三相波形整体生成效果为前提，以逼近电机气隙的理想圆形旋转磁场轨迹为目的，一次生成三相调制波形，以内切多边形逼近圆的方式进行控制的。而这种控制方式在经实践使用后又有所改进，即通过引入频率补偿，来消除速度控制的误差；通过反馈估算磁链幅值，来消除低速时定子电阻的影响；通过将输出电压、电流闭环，来提高动态的精度和稳定度。但这种控制方式的控制电路环节较多，且没有引入转矩的调节，所以系统性能没有得到根本改善。

第三代——矢量控制(VC)方式。

矢量控制变频调速的做法是将异步电动机在三相坐标系下的定子电流 I_a、I_b、I_c 通过三相—二相变换，等效成两相静止坐标系下的交流电流 I_{a1}、I_{b1}，再通过按转子磁场定向旋转变换，等效成同步旋转坐标系下的直流电流 I_{m1}、I_{t1}(I_{m1} 相当于直流电动机的励磁电流；I_{t1} 相当于与转矩成正比的电枢电流)，然后模仿直流电动机的控制方法，求得直流电动机的控制量，经过相应的坐标反变换，实现对异步电动机的控制。其实质是将交流电动机等效为直流电动机，分别对速度、磁场两个分量进行独立控制。通过控制转子磁链，然后分解定子电流而获得转矩和磁场两个分量，经坐标变换，实现正交或解耦控制。矢量控制方法的提出具有划时代的意义，然而在实际应用中，由于转子磁链难以准确观测，系统特性受电动机参数的影响较大，且在等效直流电动机控制过程中所用矢量旋转变换较复杂，使得实际的控制效果难以达到理想分析的结果。

第四代——直接转矩控制方式和矩阵式交—交控制方式及电压矢量控制方式。

1) 直接转矩控制(DTC)方式

1985 年，德国鲁尔大学的 DePenbrock 教授首次提出了直接转矩控制变频技术。该技术在很大程度上解决了上述矢量控制的不足，并以新颖的控制思想、简洁明了的系统结构、优良的动静态性能得到了迅速发展。该技术已成功地应用在电力机车牵引的大功率交流传动上。直接转矩控制直接在定子坐标系下分析交流电动机的数学模型，控制电动机的磁链和转矩。它不需要将交流电动机等效为直流电动机，因而省去了矢量旋转变换中的许多复杂计算；它不需要模仿直流电动机的控制，也不需要为解耦而简化交流电动机的数学模型。

2) 矩阵式交——交控制方式

VVVF 变频、矢量控制变频、直接转矩控制变频都是交—直—交变频中的一种。其共同缺点是输入功率因数低，谐波电流大，直流电路需要大的储能电容，再生能量又不能反馈回电网，即不能进行四象限运行，为此，矩阵式交—交变频应运而生。由于矩阵式交—交变频省去了中间直流环节，从而省去了体积大、价格贵的电解电容。它能实现的功率因数为 1，输入电流为正弦且能四象限运行，系统的功率密度大。该技术虽尚未成熟，但仍吸引着众多的学者深入研究。其实质不是间接的控制电流、磁链等量，而是把转矩直接作为被控制量来实现的，具体方法是：

① 控制定子磁链。引入定子磁链观测器，实现无速度传感器方式；

② 自动识别(ID)。依靠精确的电机数学模型，对电机参数自动识别；

③ 算出实际值。对应定子阻抗、互感、磁饱和因素、惯量等算出实际的转矩、定子磁链、转子速度进行实时控制；

④ 实现 Band—Band 控制。按磁链和转矩的 Band—Band 控制产生 PWM 信号，对逆变器开关状态进行控制。

矩阵式交—交变频具有快速的转矩响应(<2 ms)，很高的速度精度(±2%，无 PG 反馈)，高转矩精度(>+3%)；同时还具有较高的启动转矩及高转矩精度，尤其在低速时(包括 0 速度时)，可输出 150%~200%转矩。

3) 电压矢量控制(VVC)方式

VVC 的控制原理是将矢量调制的原理应用于固定电压源 PWM 逆变器。这一控制建立在一个改善了的电机模型上，该电机模型较好的对负载和转差进行了补偿。

因为有功和无功电流成分对于控制系统来说都是很重要的，控制电压矢量的角度可显著的改善 0～12 Hz 范围内的动态性能，而在标准的 PWM U/F 驱动中 0～10 Hz 范围一般都存在着问题。

利用 SFAVM 或 60°AVM 原理来计算逆变器的开关模式，可使气隙转矩的脉动很小(与使用同步 PWM 的变频器相比)。

2. 变频器组成

变频器可以分为以下四个主要部分：

(1) 整流器。它与单相或三相交流电源相连接，产生脉动的直流电压。整流器分为可控和不可控的两种基本类型。

(2) 中间电路。它分为以下三种类型：

① 将整流电压变换成直流电流。

② 使脉动的直流电压变得稳定或平滑，供逆变器使用。

③ 将整流后固定的直流电压变换成可变的直流电压。

(3) 逆变器。它产生电动机电压的频率，另外，一些逆变器还可以将固定的直流电压变换成可变的交流电压。

(4) 控制电路。它将信号传送给整流器、中间电路和逆变器，同时它也接收来自这部分的信号。具体被控制的部分取决于各个变频器的设计。

【任务实施】

1. 电气原理图

数控车床的主轴路电气原理图是数控车床主轴电气故障诊断与维修的基础，在进行数控车主轴电气故障诊断与排除之前必须要掌握电气原理图，才能为正确判断和排除相关故障点提供保障。数控车床典型主轴相关电气原理图如图 3-1-1 至图 3-1-5 所示。

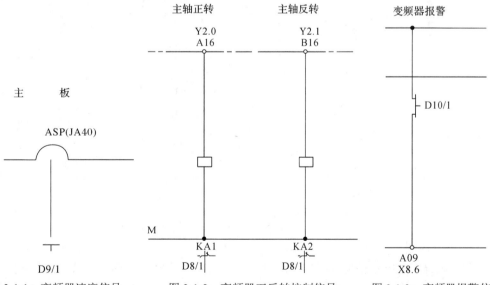

图 3-1-1　变频器速度信号　　　　图 3-1-2　变频器正反转控制信号　　　　图 3-1-3　变频器报警信号

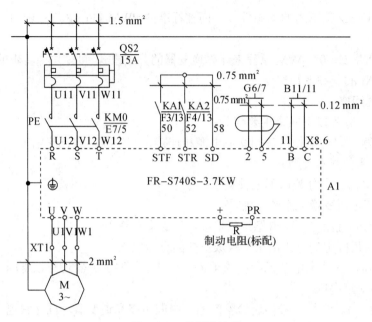

图 3-1-4　变频器接线

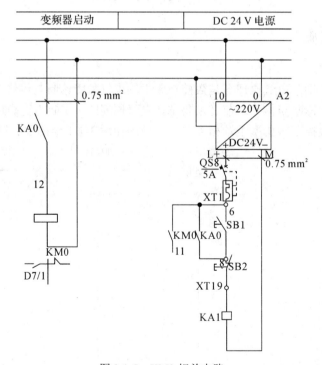

图 3-1-5　KM0 相关电路

2. 思维导图

在掌握数控车床主轴电气原理的基础上，根据故障现象以及数控车床主轴电路组成构建数控车床主轴电气故障思维导图，为判断和排除数控车床主轴电路故障做好规划。数控车床主轴电气故障思维导图如图 3-1-6 所示。

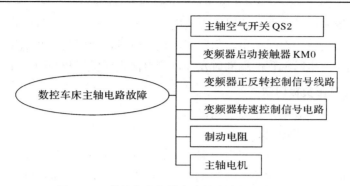

图 3-1-6　数控车床主轴电路故障诊断思维导图

　【任务评价】

(1) 写出数控车床变频主轴概述心得体会。

(2) 画出数控车床变频主轴接线图。

　【任务思考】

(1) 数控车床变频主轴有哪些特点？

(2) 数控车床变频主轴由什么组成？

任务二　主轴空气开关 QS2 电路故障诊断与维修

　【任务描述】

　　主轴空气开关 QS2 是控制变频器整个供电的门户，它的故障直接影响后续电路的正常运转。本次任务可以让学生掌握 QS2 相关故障的排除方法。

　【任务目标】

(1) 掌握主轴空气开关 QS2 电路故障特点。

(2) 掌握主轴空气开关 QS2 电路故障排查方法。

　【知识储备】

　　低压验电笔是电工常用的一种辅助安全用具。用于检查 500 V 以下导体或各种用电设备的外壳是否带电。一支普通的低压验电笔可随身携带，只要掌握验电笔的原理，结合熟知的电工原理，验电笔可以有很多灵活运用的技巧。

1. 判断交流电与直流电口诀

电笔判断交直流，交流明亮直流暗，

交流氖管通身亮，直流氖管亮一端。

说明：首先告知读者一点，使用低压验电笔之前，必须在已确认的带电体上验测；在未确认验电笔正常之前，不得使用。判别交、直流电时，最好在"两电"之间做比较，这样就很明显。测交流电时氖管两端同时发亮，测直流电时氖管里只有一个端极发亮。

2. 判断直流电正负极口诀

电笔判断正负极，观察氖管要心细，

前端明亮是负极，后端明亮为正极。

说明：氖管的前端指验电笔笔尖一端，氖管后端指手握的一端，前端明亮为负极，反之为正极。测试时要注意：电源电压为 110 V 及以上；若人与大地绝缘，一只手摸电源任一极，另一只手持验电笔。电笔金属头触及被测电源另一极，氖管前端极发亮，所测触的电源是负极；若是氖管的后端极发亮，所测触的电源是正极，这是根据直流单向流动和电子由负极向正极流动的原理。

3. 判断电源有无接地，正负接地的区别口诀

变电所直流系数，电笔触及不发亮；

若亮靠近笔尖端，正极有接地故障；

若亮靠近手指端，接地故障在负极。

说明：发电厂和变电所的直流系数是对地绝缘的，人站在地上，用验电笔去触及正极或负极，氖管是不应当发亮的，如果发亮，则说明直流系统有接地现象。如果发亮在靠近笔尖的一端，则是正极接地；如果发亮在靠近手指的一端，则是负极接地。

4. 判断同相与异相口诀

判断两线相同异，两手各持一支笔，

两脚与地相绝缘，两笔各触一要线，

用眼观看一支笔，不亮同相亮为异。

说明：此项测试时，切记两脚与地必须绝缘。因为我国大部分是 380/220 V 供电，且变压器普遍采用中性点直接接地，所以做测试时，人体与大地之间一定要绝缘，避免构成回路，以免误判断；测试时，两笔亮与不亮显示一样，故只看一支即可。

5. 判断 380/220 V 三相三线路相线接地故障口诀

星形接法三相线，电笔触及两根亮，

剩余一根亮度弱，该相导线已接地；

若是几乎不见亮，金属接地的故障。

说明：电力变压器的次级绕组一般都接成 Y 形，在中性点不接地的三相三线制系统中，用验电笔触及三根相线时，有两根比通常稍亮，而另一根上的亮度要弱一些，则表示这根亮度弱的相线有接地现象，但还不太严重；如果两根很亮，而剩余一根几乎看不见亮，则是这根相线有金属接地故障。

 【任务实施】

1. 思维导图

本任务的思维导图如图 3-2-1 所示。

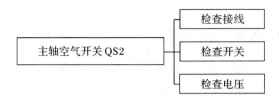

图 3-2-1　主轴空气开关 QS2 电路故障检测思维导图

2. 排除过程

本任务的故障排查过程如下所示：

2.1　检查接线

2.1.1　检查 QS2 输入侧第一接线柱接线

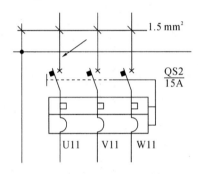

2.1.2　检查 QS2 输入侧第二接线柱接线

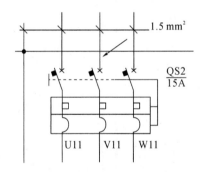

2.1.3　检查 QS2 输入侧第三接线柱接线

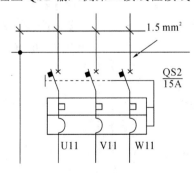

2.1　检查接线

　按图示顺序检查相应导线及其接线柱有无断线和接线柱松动。

2.1.4 检查 QS2 输出侧第一接线柱接线

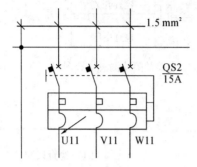

2.1.5 检查 QS2 输出侧第二接线柱接线

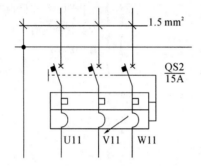

2.1.6 检查 QS2 输出侧第三接线柱接线

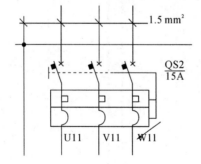

2.2 检查开关
2.2.1 检查 QS2 第一组触头导通性

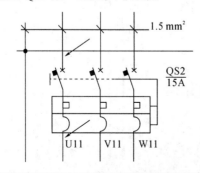

2.2 检查开关

注意事项：

　　要在断电的前提下，闭合空气开关，并要断开后续电路。

2.2.2 检查 QS2 第二组触头导通性

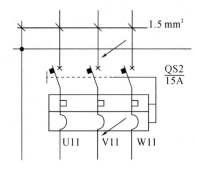

2.2.3 检查 QS2 第三组触头导通性

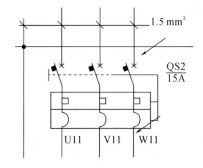

2.3 检查电压

2.3.1 检查 QS2 输入端第一和第二接线柱之间电压

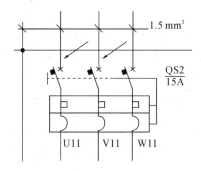

2.3.2 检查 QS2 输入端第一和第三接线柱之间电压

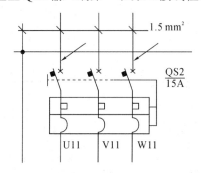

故障排除方法：

(1) 按图示步骤用万用表进行检查触点通断情况，并观察触点表面情况，有无烧灼现象，有则进行更换。

(2) 检查空气开关合闸和分闸情况，判断相关脱扣器有无故障，若有则进行更换。

2.3 检查电压

注意事项：

带电操作，安全第一。

故障排除方法：

按图示步骤两两测量电压，检查电压值是否正常，有无缺相。

2.3.3　检查 QS2 输入端第二和第三接线柱之间电压

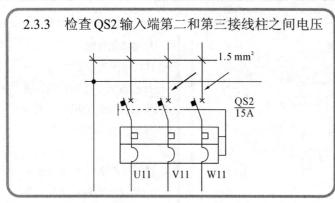

 【任务评价】

任务评价表

项目＿＿＿＿＿＿＿＿＿＿＿＿＿　任务＿＿＿＿＿＿＿＿＿＿＿＿＿

姓名＿＿＿＿＿＿＿＿＿＿＿＿＿　班级＿＿＿＿＿＿＿＿＿＿＿＿＿

评价项目	评 价 标 准	配分	个人 自评	小组 评价	教师 评价
知识储备	资料收集、整理、自主学习	5			
任务实施	工具、配件等使用和摆放符合要求	5			
	严格按要求检修故障	20			
任务实施	正确排除故障	35			
	服从管理，遵守校规、校纪和安全操作规程	5			
任务思考	能实现知识的融汇	5			
	能提出创新方案	5			
	认真思考，考虑问题全面	5			
学习 态度	主动学习	5			
	团队意识强	5			
	学习认真	5			
总　　计		100			
综合评定 （个人 30%，小组 30%，教师 40%）					
任务评语			年　　月　　日		

【任务思考】

(1) 空气开关在该电路中的作用是什么？

(2) 空气开关触点有烧灼现象说明什么？

任务三　变频器启动接触器 KM0 电路故障诊断与维修

 【任务描述】

变频器启动接触器 KM0 是负责变频器电路通断控制的，其主触头发生故障则会直接影响变频器主电路供电情况，或者其线圈吸合不正常同样会导致变频器供电故障。本任务让学生掌握 KM0 相关电路故障的排除方法和思路。

 【任务目标】

(1) 掌握变频器启动接触器 KM0 电路故障特点。

(2) 掌握变频器启动接触器 KM0 电路故障排除方法。

 【知识储备】

接触器分为交流接触器(电压 AC)和直流接触器(电压 DC)，它应用于电力、配电与用电场合。接触器广义上是指工业电中利用线圈流过电流产生磁场，使触头闭合，以达到控制负载的电器。

在工业电气中，接触器的型号很多，工作电流在 5～1000 A 不等，其用处相当广泛。

接触器的工作原理是：当接触器线圈通电后，线圈电流会产生磁场，产生的磁场使静铁芯产生电磁吸力吸引动铁芯，并带动交流接触器触点动作。若常闭触点断开，则常开触点闭合，二者是联动的。当线圈断电时，电磁吸力消失，衔铁在释放弹簧的作用下释放，使触点复原，常开触点断开，常闭触点闭合。直流接触器的工作原理跟温度开关的原理有些相似。

交流接触器在机电设备控制电路中一般用它来接通或断开电源，它可以频繁地接通或切断交流电路，并可实现远距离控制。接触器主要由触头系统和电磁系统组成。交流接触器的故障一般发生在线圈回路、机械部分和接触部分等处，常见的故障表现为以下几个方面。

1. 噪声过大

(1) 操作时电源电压过低，只能维持接触器吸合。有大容量电动机启动时，电路压降较大，相应的接触器噪声也大，而启动过程完毕时噪声则变小，此时应设法调高操作回路的电压。

(2) 磁系统装配不当或受震动而歪斜或机针卡住，使铁芯不能吸平而产生噪声，处理时应调整磁系统，查明并消除机件卡涩的原因。

(3) 由于短路环断裂，造成静铁心振动产生噪声，应更换铁芯或短路环。

(4) 由于触头弹簧压力过大而产生电磁铁噪声，通常调整触头弹簧压力即可。

(5) 静铁心与动铁心接触面之间有污垢和杂物，因极面间的距离变大，不能克服恢复弹簧的反作用力，而产生振动(如接触器长期振动，将导致线圈烧毁)，此时应清理铁芯极面。

(6) 铁芯极面磨损过度而不平，应更换铁芯。

(7) 线圈匝间短路，通常更换线圈即可。

2. 主触头过热或熔焊

(1) 由于接触器吸合过于缓慢或有停滞现象，触头处于似接触非接触的位置上，查明后可按"交流接触器吸合不正常"处理方法处理。

(2) 触头表面严重氧化和灼伤，使接触电阻增大，造成主触头过热。处理时首先清除主触头表面的氧化层，然后用锉刀轻轻锉平，使触头接触紧密。

(3) 由于频繁启动设备，主触头多次受启动电流的冲击而过热或熔焊。此时应避免频繁启动，或者选择能适应操作频率和通电持续率的接触器。

(4) 主触头因长时间通过过负载电流而过热或熔焊。此时应减少传动设备的负荷，使其在额定状态下运行，或者根据设备的工作电流重新选择合适的接触器。

(5) 接触器三相主触头闭合时不同步，其中两相主触头受很大的启动电流冲击，造成主触头熔焊。在这种情况下，应检查主触头闭合状况，调整动、静触头的间隙，使三相主触头同步接触。

(6) 主触头本身抗熔性差，如纯银触头易熔焊。这种触头应予以更换，可采用抗熔能力较强的银基合金触头作为接触器的主触头。

(7) 触头的超程太短，应调整触头超程或更换触头。

3. 线圈断电后铁芯不能释放

如果交流接触器线圈断电后铁芯不能释放，会造成设备失控，威胁人身和设备的安全。因此，一旦出现这种故障，应立即停机进行检修，一般可从以下几方面进行处理：

(1) 安装不符合要求，或是新接触器铁芯表面的防锈油未清除干净。若是前者，可重新安装，使倾斜度不超过5°；若是后者，则擦净油污即可。

(2) 在接触器的长期运行中，由于频繁撞击，铁芯极面变形，"凸"型铁芯中间磁极面上的间隙逐渐消失，因此线圈断电后，铁芯上有较大的剩磁，将动铁芯黏附在静铁芯上。处理的方法是用锉刀仔细修整铁芯接触面，保持铁芯中间磁极接触有不大于 0.2 mm 的防剩磁间隙。此外，将"凸"型铁芯接触面置于磨床上精磨光滑，使铁芯中间磁极面低于两边磁极面 0.15～0.2 mm，也可防止出现这种故障。

(3) 铁芯磁极面上的油污和粉尘过多，或者动触头弹簧压力过小。对于前者，清除油污即可；对于后者，可调整弹簧压力，必要时换上新弹簧。

(4) 接触器的触头熔焊，造成接触器线圈断电后铁芯不能释放，可按"交流接触器主触头过热或熔焊"处理方法进行处理。

4. 通电后不能吸合或吸合后又断开

测试电磁线圈两端有无额定电压，若无电压，说明控制回路发生故障，应根据具体电路进行检查处理；若有电压，但低于线圈额定电压，则是电磁线圈通电后产生的电磁力不足以克服弹簧的反作用力，此时应更换线圈或改接电路；若有额定电压，则可能是线圈本身开路，可用万用表欧姆挡进行测量(若是接线螺栓松脱，应予紧固；若是线圈断线，应更换线圈)。

　　检查交流接触器运动部分的动作机构和动触头是否卡阻。如果卡阻，可修整动作机构，整正灭弧罩，调整触头与灭弧罩的位置，消除二者的摩擦现象。

　　检查转轴是否生锈或歪斜。如果出现生锈或歪斜现象，应拆开转轴进行清洗，必要时更换配件，使转轴转动灵活。

　　如果接触器吸合后又断开，可能是接触器自锁回路中的辅助触头未接或接触不良，使电路自锁环节失去作用。此时可整修动合辅助触头，使之接触良好。

 【任务实施】

1. 思维导图
本任务的思维导图如图 3-3-1 所示。

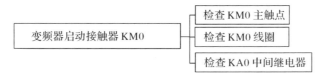

图 3-3-1　变频器启动接触器 KM0 电路故障检测思维导图

2. 排查过程
本任务的故障排查过程如下所示：

2.1　检查 KM0 主触点
图 3-3-2 所示为 KM0 接触器实物图。

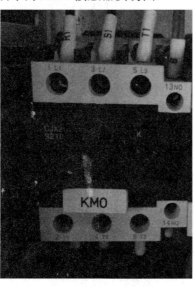

图 3-3-2　KM0 接触器实物图

2.1　检查 KM0 主触点

注意事项：
在断电情况下检查。

2.1.1 检查 KM0 输入侧第一接线柱接线

2.1.2 检查 KM0 输入侧第二接线柱接线

2.1.3 检查 KM0 输入侧第三接线柱接线

2.1.4 检查 KM0 输出侧 U12 接线

2.1.5 检查 KM0 输出侧 V12 接线

2.1.6 检查 KM0 输出侧 W12 接线

2.1.7 检查变频器 R 接线

故障排除方法:

(1) 按图示步骤检查 KM0 主触头相关接线,即检查接线柱有无松动,导线有无断线。

2.1.8　检查变频器 S 接线

```
        KM0
        E7/5
   U12 V12 W12
    R   S   T
```

2.1.9　检查变频器 S 接线

```
        KM0
        E7/5
   U12 V12 W12
    R   S   T
```

2.1.10　检查 KM0 第一组触头导通性

```
        KM0
        E7/5
   U12 V12 W12
    R   S   T
```

2.1.11　检查 KM0 第二组触头导通性

```
        KM0
        E7/5
   U12 V12 W12
    R   S   T
```

2.1.12　检查 KM0 第三组触头导通性

```
        KM0
        E7/5
   U12 V12 W12
    R   S   T
```

2.2　检查 KM0 线圈

2.2.1　检查 KM0 线圈输入侧接线

```
     KA0

     12

     KM0
     D7/1
```

(2) 检查 KM0 主触头的通断情况。

2.2　检查 KM0 线圈

故障排除方法：

(1) 在断电情况下，按图示步骤依次检查线圈两端接线有无脱落松动和断线情况，若有则及时进行更换。

2.2.2 检查 KM0 线圈输出侧接线

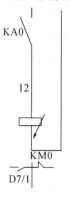

2.2.3 检查 KM0 线圈两端电压

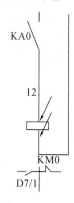

2.3 检查 KA0 中间继电器

2.3.1 检查 QS8 输入端接线

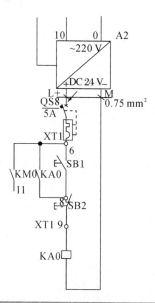

(2) 在上电情况下，用万用表交流挡检查线圈两边电压是否为 220 V，若不是则检查供电和 KA0 触点。

2.3 检查 KA0 中间继电器

故障排除方法：

(1) 检查 QS8 是否合闸。

2.3.2　检查 QS8 输出端接线

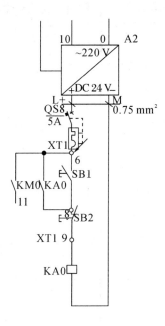

(2) 检查 QS8 线圈两端接线有无松动和脱落断线情况，有则进行更换。

2.3.3　检查 QS8 触头系统导通性

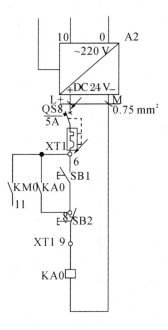

(3) 检查 QS8 触点接触是否正常。

2.3.4　检查 KA0 线圈输入端接线

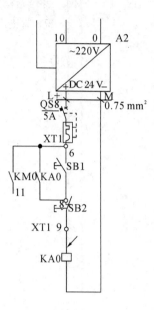

2.3.5　检查线 KA0 线圈输出端接线

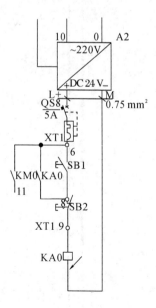

(4) 检查 KA0 线圈两端接线有无松动和脱落断线情况，有则进行更换。

2.3.6　检查 KA0 线圈电压

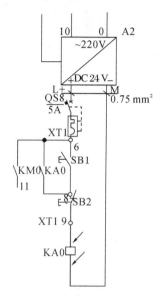

2.3.7　检查触点

2.3.8　检查 24 V 电源输出端 L+接线

(5) 检查 KA0 线圈有无问题，若有则进行更换。

(6) 检查 KA0 触点有无烧灼情况发生，若有则进行更换。

(7) 检查 24 V 电源的输出接线和输入接线有无松动脱落和断线。

2.3.9 检查 24 V 电源输出端 M 接线

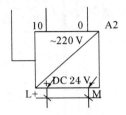

2.3.10 检查 24 V 电源输入端 10 接线

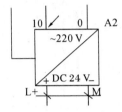

2.3.11 检查 24 V 电源输入端 0 接线

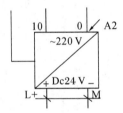

2.3.12 检查 24 V 电源输入端电压

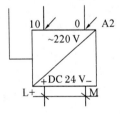

(8) 用万用表检查 24 V 电源输入电压 220 V 是否正常。

2.3.13 检查 24 V 电源输出端电压

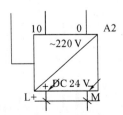

(9) 用万用表检查 24 V 电源输出 24 V 是否正常。注意更换挡位。

【任务评价】

任务评价表

项目_____　任务_____

姓名_____　班级_____

评价项目	评 价 标 准	配分	个人自评	小组评价	教师评价
知识储备	资料收集、整理、自主学习	5			
任务实施	工具、配件等使用和摆放符合要求	5			
	严格按要求检修故障	20			
	正确排除故障	35			
	服从管理，遵守校规、校纪和安全操作规程	5			
任务思考	能实现知识的融汇	5			
	能提出创新方案	5			
	认真思考，考虑问题全面	5			
学习态度	主动学习	5			
	团队意识强	5			
	学习认真	5			
总　　　计		100			
综合评定 (个人 30%，小组 30%，教师 40%)					
任务评语			年　　　月　　　日		

【任务思考】

(1) 在变频器启动接触器 KM0 电路的排查过程中有哪些注意事项？

(2) 你对本电路有没有改进意见？

任务四　变频器正反转控制信号线路故障诊断与维修

【任务描述】

正反转控制信号是变频器控制电机正反转的信号源，它是利用 PLC 输出控制中间继电器来实现控制的。若该信号出故障，有可能电机只有一个旋转方向。本次任务就是对该故障进行分析，让学生掌握分析方法的。

 【任务目标】

(1) 掌握正反转控制信号故障现象。

(2) 掌握正反转控制信号故障排除方法。

 【知识储备】

三相异步电机要实现正反转控制，将其电源的相序中任意两相对调即可(称为换相)，通常是 V 相不变，将 U 相与 W 相对调。

为了保证两个接触器动作时能够可靠调换电动机的相序，接线时应使接触器的上口接线保持一致，在接触器的下口调相。由于将两相相序对调，故须确保两个 KM 线圈不能同时得电，否则会发生严重的相间短路故障，因此必须采取联锁。为安全起见，常采用按钮联锁(机械)与接触器联锁(电气)的双重联锁正反转控制线路；使用了按钮联锁，即使同时按下正反转按钮，调相用的两接触器也不可能同时得电，机械上避免了相间短路。另外，由于应用的接触器联锁，所以只要其中一个接触器得电，其长闭触点就不会闭合，这样在机械、电气双重联锁的应用下，电机的供电系统不可能相间短路，不仅有效地保护了电机，同时也避免在调相时相间短路造成事故，烧坏接触器。

变频器电机控制的常见故障如下。

1. 参数设置类故障

常用变频器在使用中是否能满足传动系统的要求，变频器的参数设置非常重要，如果参数设置不正确，会导致变频器不能正常工作。

1) 参数设置

常用变频器，一般出厂时，厂家对每一个参数都有一个默认值，这些参数叫工厂值。在这些参数值的情况下，用户能以面板操作方式正常运行，但用面板操作并不满足大多数传动系统的要求，所以，用户在正确使用变频器之前，要对变频器参数按以下几个方面进行设定：

(1) 确认电机参数。变频器在参数中设定电机的功率、电流、电压、转速、最大频率，这些参数可以从电机铭牌中直接得到。

(2) 变频器采取的控制方式，即速度控制、转矩控制、PID 控制或其他方式。采取控制方式后，一般要根据控制精度，进行静态或动态辨识。

(3) 设定变频器的启动方式。一般变频器在出厂时设定从面板启动，用户可以根据实际情况选择启动方式，可以用面板、外部端子、通信方式等几种。

(4) 给定信号的选择。一般变频器的频率给定也可以有多种方式，面板给定、外部给定、外部电压或电流给定、通信方式给定，当然对于变频器的频率给定也可以是这几种方式的一种或几种方式之和。

正确设置以上参数之后，变频器基本能正常工作，但若要获得更好的控制效果则只能根据实际情况修改相关参数。

2) 参数设置类故障的处理

一旦发生了参数设置类故障后，变频器都不能正常运行，一般可根据说明书进行修改参数。如果参数修改之后变频器仍不能正常运行，最好把所有参数恢复出厂值，然后按参数设置步骤重新设置。

2. 过压类故障

变频器的过电压集中表现在直流母线的支流电压上。正常情况下，变频器直流电为三相全波整流后的平均值。若以 380 V 线电压计算，则平均直流电压 Ud=1.35 U 线=513 V。在过电压发生时，直流母线的储能电容将被充电，当电压上至 760 V 左右时，变频器过电压保护动作。因此，对于变频器来说，都有一个正常的工作电压范围，当电压超过这个范围时很可能损坏变频器。

常见的过电压有以下两类：

(1) 输入交流电源过压。这种情况是指输入电压超过正常范围，电压升高从而导致线路出现故障，此时最好断开电源检查处理。

(2) 发电类过电压。这种情况出现的概率较高，主要是电机的同步转速比实际转速还高，使电动机处于发电状态，而变频器又没有安装制动单元。有两种情况可以引起这种故障：

① 当变频器拖动大惯性负载时，其减速时间设的比较小，在减速过程中，变频器输出的速度比较快，而负载靠本身阻力减速比较慢，使负载拖动电动机的转速比变频器输出的频率所对应的转速还要高，电动机处于发电状态，而变频器没有能量回馈单元，因而变频器支流直流回路电压升高，超出保护值，出现故障，处理这种故障可以增加再生制动单元，或者修改变频器参数，把变频器减速时间设的长一些。增加再生制动单元功能包括能量消耗型、并联直流母线吸收型、能量回馈型。能量消耗型在变频器直流回路中并联一个制动电阻，通过检测直流母线电压来控制功率管的通断。并联直流母线吸收型使用在多电机传动系统，这种系统往往有一台或几台电机经常工作于发电状态，产生再生能量，这些能量通过并联母线被处于电动状态的电机吸收。能量回馈型的变频器网侧变流器是可逆的，当有再生能量产生时可逆变流器就将再生能量回馈给电网。

② 多个电动机拖动同一个负载时，也可能出现这一故障，主要是由于没有负荷分配引起的。以两台电动机拖动一个负载为例，当一台电动机的实际转速大于另一台电动机的同步转速时，则转速高的电动机相当于原动机，转速低的处于发电状态，引起故障。

3. 过流故障

过流故障可分为加速、减速、恒速过电流，其可能是由于变频器的加减速时间太短、负载发生突变、负荷分配不均、输出短路等原因引起的。这时一般可通过延长加减速时间、减少负荷的突变、外加能耗制动元件、进行负荷分配设计、对线路进行检查等方式来排除故障。如果断开负载变频器还是过流故障，说明变频器逆变电路已坏，需要更换变频器。

4. 过载故障

过载故障包括变频过载和电机器过载，其可能是加速时间太短、直流制动量过大、电网电压太低、负载过重等原因引起的。一般可通过延长加速时间、延长制动时间、检查电网电压等方式来排除故障。负载过重，所选的电机和变频器不能拖动该负载，也可能是由于机械润滑不好引起的。如为前者则必须更换大功率的电机和变频器；如为后者则要对生产机械进行检修。

5. 其他故障

(1) 欠压。说明变频器电源输入部分有问题，需检查后才可以运行。

(2) 温度过高。如电动机有温度检测装置，检查电动机的散热情况；变频器温度过高，检查变频器的通风情况。

(3) 对于其他情况，如硬件故障、通信故障等，可以同供应商联系。

 【任务实施】

1. 思维导图

本任务的思维导图如图 3-4-1 所示。

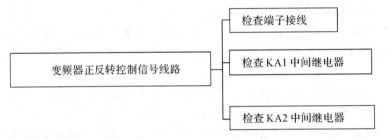

图 3-4-1　变频器正反转控制信号线路故障检测思维导图

2. 排查过程

本任务的故障排查过程如下所示：

2.1　检查端子接线

2.1.1　检查 STF 接线

2.1.2　检查 STR 接线

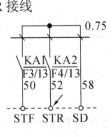

2.1　检查端子接线

(1) 检查端子接线有无脱落松动，若有拧紧即可。

(2) 检查端子接线有无断线现象，若有则进行更换。

2.1.3　检查 KA1 输入端接线

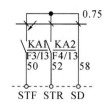

2.1.4　检查 KA2 输入端接线

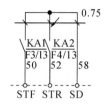

2.1.5　检查 KA2 触头系统

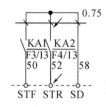

2.1.6　检查 KA1 触头系统

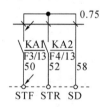

2.2　检查 KA1 和 KA2 中间继电器

2.2.1　检查 KA1 线圈输出端接线

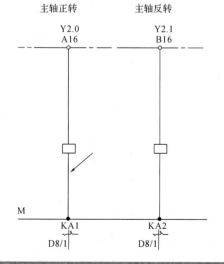

(3) 检查 KA1 和 KA2 触点接触有无异常，异常则进行更换。

2.2　检查 KA1 和 KA2 中间继电器

(1) 检查 KA1 和 KA2 接线有无脱落和松动，以及有无断线。

2.2.2　检查 KA1 线圈输入端接线

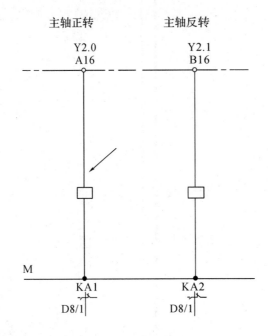

2.2.3　检查 KA2 线圈输出端接线

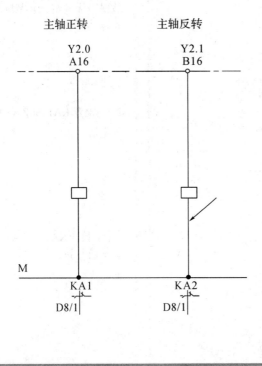

2.2.4　检查 KA2 线圈输入端接线

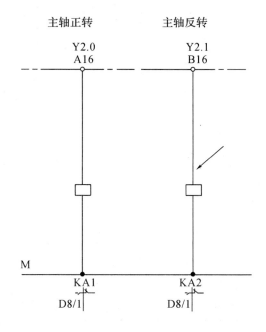

2.2.5　检查 KA2 线圈

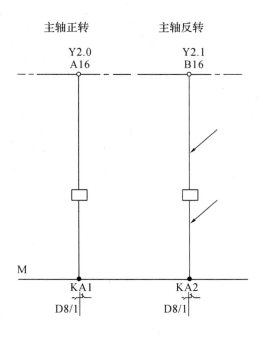

(2) 检查 KA1 和 KA2 的线圈有无异常，若有则进行更换。

2.2.6　检查 KA1 线圈

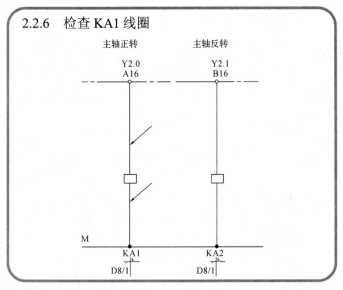

 【任务评价】

任务评价表

项目＿＿＿＿＿＿＿＿＿＿＿＿＿＿＿＿　任务＿＿＿＿＿＿＿＿＿＿＿＿＿＿＿＿＿＿

姓名＿＿＿＿＿＿＿＿＿＿＿＿＿＿＿＿　班级＿＿＿＿＿＿＿＿＿＿＿＿＿＿＿＿＿＿

评价项目	评　价　标　准	配分	个人自评	小组评价	教师评价
知识储备	资料收集、整理、自主学习	5			
任务实施	工具、配件等使用和摆放符合要求	5			
	严格按要求检修故障	20			
	正确排除故障	35			
	服从管理，遵守校规、校纪和安全操作规程	5			
任务思考	能实现知识的融汇	5			
	能提出创新方案	5			
	认真思考，考虑问题全面	5			
学习态度	主动学习	5			
	团队意识强	5			
	学习认真	5			
总　　　计		100			
综合评定 (个人 30%，小组 30%，教师 40%)					
任务评语		年　　　月　　　日			

【任务思考】

(1) 检查 KA1 和 KA2 相关电路时要注意哪些特别地方？

(2) 该任务电路对变频调速有何特别影响？

任务五　变频器转速控制信号电路故障诊断与维修

【任务描述】

数控车床变频主轴调速速度是利用 CNC 装置发出的直流 0～10 V 模拟电压进行控制实现的，即从 CNC 装置模拟接口中的接线输出模拟电压到变频器的输入端子，其中 CNC 装置模拟接口的正极端子连接变频器的正极输入端子，CNC 装置模拟接口的负极端子连接变频器的负极端子。本次任务让学生掌握与主轴速度控制信号相关故障的排除方法。

【任务目标】

(1) 掌握模拟电压调速的特性。

(2) 掌握模拟电压端子接口。

【知识储备】

模拟主轴控制：通过 CNC 内部附加的 D/A 转换器，一般自动将 S 指令转换为 0～+10 V 的模拟电压。CNC 所输出的模拟电压可通过主轴速度控制单元实现主轴的闭环速度控制；在调速精度要求不高的场合，也可以使用通用变频器等简单的开环调速装置进行控制。主轴驱动装置总是严格保证速度给定输入与电机输出转速之间的对应关系。

由于模拟主轴速度信号采用模拟电压为主的模拟量，因此为了屏蔽干扰对速度信号的影响，模拟主轴速度信号线必须采用屏蔽线。

1. 屏蔽线

定义：导体外部有导体包裹的导线叫屏蔽线，包裹的导体叫屏蔽层，一般为编织铜网或铜泊(铝)，屏蔽层需要接地，外来的干扰信号可被该层导入大地。

作用：避免干扰信号进入内层，导体干扰同时降低传输信号的损耗。

结构：绝缘层 + 屏蔽层 + 导线

　　　绝缘层 + 屏蔽层 + 信号导线 + 屏蔽层接地导线

注意：在选用屏蔽线时，屏蔽层接地导线的绝缘层有导电功能，可以与屏蔽层导通(有一定的电阻)。

2. 屏蔽线缆的原理

屏蔽布线系统源于欧洲，它是在普通非屏蔽布线系统的外面加上金属屏蔽层，利用金属屏蔽层的反射、吸收及趋肤效应实现防止电磁干扰及电磁辐射的功能。屏蔽系统综合利用了双绞线的平衡原理及屏蔽层的屏蔽作用，因而具有非常好的电磁兼容(EMC)特性。

电磁兼容(EMC)是指电子设备或网络系统具有一定的抵抗电磁干扰的能力，同时不能产生过量的电磁辐射。也就是说，要求该设备或网络系统能够在比较恶劣的电磁环境中正常工作，同时又不能辐射过量的电磁波干扰周围其他设备及网络的正常工作。U/UTP(非屏蔽)电缆的平衡特性并不只取决于部件本身的质量(如绞对)，而会受到周围环境的影响。因为 U/UTP(非屏蔽)周围的金属、隐蔽的"地"、施工中的牵拉、弯曲等情况都会破坏其平衡特性，从而降低 EMC 性能。所以，要获得持久不变的平衡特性，只有一个解决方案，即在所有芯线外多加一层铝箔进行接地。铝箔为脆弱的双绞芯线增加了保护，同时为U/UTP(非屏蔽)电缆人为的创造了一个平衡环境，从而形成我们现在所说的屏蔽电缆。

屏蔽电缆的屏蔽原理不同于双绞的平衡抵消原理，屏蔽电缆是在四对双绞线的外面多加一层或两层铝箔，利用金属对电磁波的反射、吸收和趋肤效应原理(所谓趋肤效应，是指电流在导体截面的分布随频率的升高而趋于导体表面分布，频率越高，趋肤深度越小，即频率越高，电磁波的穿透能力越弱)，有效地防止外部电磁干扰进入电缆，同时也阻止内部信号辐射出去，干扰其他设备的工作。

实验表明，频率超过 5 MHz 的电磁波只能透过 38 μm 厚的铝箔。如果让屏蔽层的厚度超过 38 μm，就能使透过屏蔽层进入电缆内部的电磁干扰的频率控制在 5 MHz 以下。而对于 5 MHz 以下的低频干扰可应用双绞线的平衡原理有效的抵消。

对于抵抗电磁干扰，选择编织层屏蔽最为有效，也就是金属网屏蔽，这是因为其具有较低的临界电阻。而对于射频干扰，金属箔层屏蔽最有效，因为金属网屏蔽所产生的缝隙可使得高频信号自由地进出。对于高低频混合的干扰场，则要采用金属箔层加金属网组合的屏蔽方式，也就是 S/FTP 形式的双层屏蔽电缆，这样可使得金属网屏蔽适用于低频范围的干扰，金属箔屏蔽适用于高频范围的干扰。

IBM ACS 的屏蔽线缆中，铝箔屏蔽层单层厚度即达到 50~62 μm，起到了更完整的屏蔽效果。同时由于只采用单层屏蔽，对于施工而言将更加简单，便于安装，不易在施工过程中造成人为的损坏，且铝箔的厚度可以承受更大的破坏力，从而能给用户提供更高品质的传输性能。

3. 屏蔽线接法

屏蔽线的一端接地，另一端悬空。

当信号线传输距离比较远的时候，由于两端的接地电阻不同或 PEN 线有电流，可能会导致两个接地点电位不同，此时如果两端接地，屏蔽层就有电流形成，反而对信号形成干扰，因此在这种情况下，一般采取一点接地，另一端悬空的办法，能避免此种干扰形成。

两端接地屏蔽效果更好，但信号失真会增大。

注意：两层屏蔽应是相互绝缘隔离型屏蔽，如没有彼此绝缘则仍应视为单层屏蔽。

最外层屏蔽两端接地是由于引入的电位差而感应出电流，因此产生降低源磁场强度的磁通，从而基本上抵消掉没有外屏蔽层时所感应的电压；而最内层屏蔽一端接地，由于没有电位差，所以仅用于一般防静电感应。

 【任务实施】

1. 思维导图

本任务的思维导图如图 3-5-1 所示。

图 3-5-1 变频器转速控制信号电路故障检测思维导图

2. 排查过程

本任务的故障排查过程如下所示:

2.1 检查 JA40 公母头

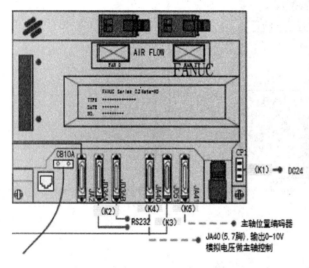

2.2 检查信号线

2.2.1 检查 2 和 7 之间导线

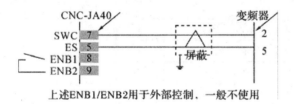

2.2.2 检查 5 和 5 之间导线

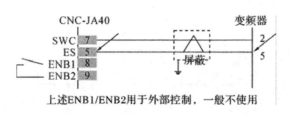

2.1 检查 JA40 公母头

(1) 检查公头和母头的引脚有无虚焊和脱落。

(2) 检查公头和母头有无配合好。

2.2 检查信号线

(1) 检查信号线有无断线。

2.2.3　检查屏蔽线

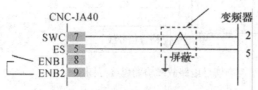

上述ENB1/ENB2用于外部控制，一般不使用

2.2.4　检查 2 和 5 接线

(2) 检查信号电缆的屏蔽网有无破坏，两头有没有与机体连接起来。

(3) 检查变频器 2 和 5 的端子有没有正确安装。

【任务评价】

任务评价表

项目＿＿＿＿＿＿＿＿＿＿＿＿＿＿＿　　任务＿＿＿＿＿＿＿＿＿＿＿＿＿＿＿

姓名＿＿＿＿＿＿＿＿＿＿＿＿＿＿＿　　班级＿＿＿＿＿＿＿＿＿＿＿＿＿＿＿

评价项目	评 价 标 准	配分	个人自评	小组评价	教师评价
知识储备	资料收集、整理、自主学习	5			
任务实施	工具、配件等使用和摆放符合要求	5			
	严格按要求检修故障	20			
	正确排除故障	35			
	服从管理，遵守校规、校纪和安全操作规程	5			
任务思考	能实现知识的融汇	5			
	能提出创新方案	5			
	认真思考，考虑问题全面	5			
学习态度	主动学习	5			
	团队意识强	5			
	学习认真	5			

评价项目	评价标准	配分	个人 自评	小组 评价	教师 评价
总　　计		100			
综合评定 (个人 30%，小组 30%，教师 40%)					
任务评语		年　　　月　　　日			

【任务思考】

(1) 简述变频调速信号电缆屏蔽网的用途。

(2) 如何判断信号电缆线通信是否正常？

任务六　制动电阻电路故障诊断与维修

【任务描述】

变频器制动电阻的作用是当变频器带动的电机或其他感性负载在停机的时候，一般都是采用能耗制动的方式来实现的，就是把停止后电机的动能和线圈里面的磁能都通过一个别的耗能元件消耗掉，从而实现快速停车。当供电停止后，变频器的逆变电路就反向导通，把这些剩余电能反馈到变频器的直流母线上，直流母线上的电压会因此而升高，当升高到一定值的时候，变频器的制动电阻就投入运行，使这部分电能通过电阻发热的方式消耗掉，同时维持直流母线上的电压为一个正常值。因此，通过本任务学习可让学生掌握该电路的排故方法。

【任务目标】

(1) 掌握制动电阻电路结构组成。

(2) 掌握制动电阻电路故障排除方法。

【知识储备】

(1) 变频器控制电机的制动原理。

(2) 制动电阻电路安装注意事项。

通用电压型变频器只能运行于一、三象限，即电动状态，因此在电机拖动大惯量负载并要求急剧减速或停车、位能负载，以及经常处于被拖动状态等要求电机不仅运行于电动状态，而且要运行于发电制动状态的场合下，用户必须考虑配套使用制动方式。常用的变频器制动方式有以下四种。

1. 能耗制动

能耗制动方式通过斩波器和制动电阻，利用设置在直流回路中的制动电阻来吸收电机的再生电能，实现变频器的快速制动。

(1) 能耗制动的优点：

① 构造简单。

② 对电网无污染(与回馈制动作比较)。

③ 成本低廉。

(2) 能耗制动的缺点：运行效率低，特别是在频繁制动时将要消耗大量的能量且制动电阻的容量将增大。

2. 回馈制动

回馈制动方式是采用有源逆变技术，将再生电能逆变为与电网同频率同相位的交流电回送电网，从而实现制动。实现能量回馈制动就要满足电压同频同相控制、回馈电流控制等条件。

(1) 回馈制动的优点：能四象限运行，电能回馈提高了系统的效率。

(2) 回馈制动的缺点：

① 只有在不易发生故障的稳定电网电压下(电网电压波动不大于15%)，才可以采用这种回馈制动方式。因为在发电制动运行时电网电压的故障时间大于 2 ms，则可能发生换相失败，损坏器件。

② 在回馈时，对电网有谐波污染。

③ 控制复杂，成本较高。

3. 直流制动

直流制动，一般指当变频器输出频率接近为零，电机转速降低到一定数值时，变频器改向异步电动机定子绕组中通入直流，形成静止磁场，此时电动机处于能耗制动状态，转动着转子切割该静止磁场而产生制动转矩，使电动机迅速停止。直流制动可用于要求准确停车的情况，或启动前制动电机由于外界因素引起的不规则旋转。

直流制动的要素如下：

(1) 直流制动电压值，实质是在设定制动转矩的大小，显然拖动系统惯性越大，直流制动电压值该相应大些，一般直流电压在15%～20%左右的变频器额定输出电压约为60～80 V，有的用制动电流的百分值。

(2) 直流制动时间，即是向定子绕组通入直流电流的时间，它应比实际需要的停机时间略长一些。

(3) 直流制动起始频率，当变频器的工作频率下降到适当值时开始由能耗制动转为直流制动，若在并无严格要求的情况下，则直流制动起始频率应尽可能设定得小一些。

4. 共用直流母线回馈制动

共用直流母线回馈制动方式的原理是：电动机 A 的再生能量反馈到公共的直流母线

上，再通过电动机 B 消耗其再生能量。共用直流母线回馈制动方式，可分为共用直流均衡母线回馈制动和共用直流回路母线回馈制动两种方式。

1) 共用直流均衡母线回馈制动

共用直流均衡母线回馈制动方式是利用连接模块连到直流回路母线上。连接模块中包括电抗器、熔断器和接触器，它必须根据具体情况单独设计。每台变频器具有相对的独立性，按需要可接入或切离直流母线。

2) 共用直流回路母线回馈制动

共用直流回路母线回馈制动方式是仅将逆变器部分连接到一个公共的直流母线上。

 【任务实施】

1. 思维导图

本任务的思维导图如图 3-6-1 所示。

图 3-6-1　制动电阻电路故障检测思维导图

2. 排查过程

本任务的故障排查过程如下所示：

2.1　检查制动电阻接线	2.1　检查制动电阻接线
2.1.1　检查变频器+极接线	(1) 检查变频器和制动电阻各接线柱有无松动，若有则拧紧。

制动电阻(标配)

2.1.2　检查变频器 FR 极接线

制动电阻(标配)

2.1.3　检查制动电阻+极接线

制动电阻(标配)

2.1.4　检查制动电阻 FR 极接线

制动电阻(标配)

2.1.5　检查制动电阻输入端导线

制动电阻(标配)

2.1.6　检查制动电阻输出端导线

制动电阻(标配)

2.2　检查制动电阻阻值

制动电阻(标配)

(2)　检查变频器与制动电阻之间的接线有无断线，若有则换线。

2.2　检查制动电阻阻值

根据资料，该电阻阻值为 150 Ω/500 W。检查该阻值是否等于 150 Ω。

【任务评价】

任务评价表

项目_____　任务_____
姓名_____　班级_____

评价项目	评 价 标 准	配分	个人自评	小组评价	教师评价
知识储备	资料收集、整理、自主学习	5			
任务实施	工具、配件等使用和摆放符合要求	5			
	严格按要求检修故障	20			
	正确排除故障	35			
	服从管理，遵守校规、校纪和安全操作规程	5			
任务思考	能实现知识的融汇	5			
	能提出创新方案	5			
	认真思考，考虑问题全面	5			
学习态度	主动学习	5			
	团队意识强	5			
	学习认真	5			
总　计		100			
综合评定 (个人30%，小组30%，教师40%)					
任务评语			年　　月　　日		

【任务思考】

(1) 制动电阻的功能有哪些？
(2) 变频器制动原理是什么？

任务七　主轴电机电路故障诊断与维修

【任务描述】

数控车床主轴电机一般为普通三相异步交流电动机，三相异步电动机转子的转速低于旋转磁场的转速，转子绕组因与磁场间存在着相对运动而产生电动势和电流，并与磁场相互作用产生电磁转矩，实现能量变换。它主要是对主轴提供动力，为切削加工提供切削力和切削速度。本任务就是让学生掌握主轴电机电路故障诊断与维修的排除过程。

【任务目标】

(1) 掌握主轴电机电路故障诊断与维修排除方法。
(2) 掌握主轴电机电路组成结构。

【知识储备】

电动机工作原理为：当电动机的三相定子绕组(各相差 120° 电角度)通入三相对称交流电后，将产生一个旋转磁场，该旋转磁场切割转子绕组，从而在转子绕组中产生感应电流(转子绕组是闭合通路)，载流的转子导体在定子旋转磁场作用下将产生电磁力，从而在电机转轴上形成电磁转矩，驱动电动机旋转，并且电机旋转方向与旋转磁场方向相同。

绕组是电动机的组成部分，老化、受潮、受热、受侵蚀、异物侵入、外力的冲击都会造成对绕组的伤害，电机过载、欠电压、过电压，缺相运行也能引起绕组故障。绕组故障一般分为绕组接地、短路、开路、接线错误。

1. 绕组接地

绕组接地指绕组与铁芯或与机壳绝缘破坏而造成的接地。

1) 故障现象

机壳带电、控制线路失控、绕组短路发热，致使电动机无法正常运行。

2) 产生原因

绕组受潮使绝缘电阻下降；电动机长期过载运行；有害气体腐蚀；金属异物侵入绕组内部损坏绝缘；重绕定子绕组时绝缘层被破坏导致接触铁芯；绕组端部接触端盖机座；定、转子摩擦引起绝缘灼伤；引出线绝缘损坏与壳体相碰；过电压(如雷击)使绝缘击穿。

3) 检查方法

(1) 观察法。通过目测绕组端部及线槽内绝缘物来观察有无损伤和焦黑的痕迹，如有就是接地点。

(2) 万用表检查法。用万用表低阻挡检查，读数很小则为接地。

(3) 兆欧表法。根据不同的等级选用不同的兆欧表测量每组电阻的绝缘电阻，若读数为零，则表示该项绕组接地，但对电机绝缘受潮或因事故而击穿，需依据经验判定，一般说来指针在"0"处摇摆不定时，可认为其具有一定的电阻值。

(4) 试灯法。如果试灯亮，说明绕组接地，若发现某处伴有火花或冒烟，则该处为绕组接地故障点。若灯微亮则绝缘有接地击穿。若灯不亮，但测试棒接地时也出现火花，则说明绕组尚未击穿，只是严重受潮。也可用硬木在外壳的止口边缘轻敲，敲到某一处灯一灭一亮时，说明电流时通时断，则该处就是接地点。

(5) 电流穿烧法。用一台调压变压器，接上电源后，接地点很快发热，则绝缘物冒烟处即为接地点。应特别注意小型电机不得超过额定电流的两倍，时间不超过半分钟；大电机为额定电流的 20%～50%或逐步增大电流，到接地点刚冒烟时立即断电。

(6) 分组淘汰法。对于接地点在铁芯里面且烧灼比较厉害，烧损的铜线与铁芯熔在一起，采用的方法是把接地的一相绕组分成两半，依此类推，最后找出接地点。

此外，还有高压试验法、磁针探索法、工频振动法等，此处不一一介绍。

4) 处理方法

(1) 绕组受潮引起接地的应先进行烘干，当冷却到 60～70℃左右时，浇上绝缘漆后再烘干。

(2) 绕组端部绝缘损坏时，在接地处重新进行绝缘处理，涂漆，再烘干。

(3) 绕组接地点在槽内时，应重绕绕组或更换部分绕组元件。

最后应用不同的兆欧表进行测量，满足技术要求即可。

2. 绕组短路

由于电动机电流过大、电源电压变动过大、单相运行、机械碰伤、制造不良等造成绝缘损坏的，分为绕组匝间短路、绕组间短路、绕组极间短路和绕组相间短路。

1) 故障现象

离子的磁场分布不均，三相电流不平衡使电动机在运行时振动和噪声加剧，严重时电动机不能启动；在短路线圈中产生很大的短路电流，导致线圈迅速发热而烧毁。

2) 产生原因

电动机长期过载，使绝缘老化失去绝缘作用；嵌线时造成绝缘损坏；绕组受潮使绝缘电阻下降造成绝缘击穿；端部和层间绝缘材料没垫好或整形时损坏；端部连接线绝缘损坏；过电压或遭雷击使绝缘击穿；转子与定子绕组端部相互摩擦造成绝缘损坏；金属异物落入电动机内部和油污过多。

3) 检查方法

(1) 外部观察法。观察接线盒、绕组端部有无烧焦，绕组过热后会留下深褐色，并有臭味。

(2) 探温检查法。空载运行 20 分钟(发现异常时应马上停止)，用手背摸绕组各部分是否超过正常温度。

(3) 通电实验法。用电流表测量，若某相电流过大，说明该相有短路处。

(4) 电桥检查。测量绕组直流电阻，一般相差不应超过 5%以上，如超过，则电阻小的一相有短路故障。

(5) 短路侦察器法。被测绕组有短路，则钢片就会产生振动。

(6) 万用表或兆欧表法。测任意两相绕组相间的绝缘电阻，若读数极小或为零，说明该两相绕组相间有短路。

(7) 电压降法。把三组被测绕组通入低压安全交流电进行电流检测，三组绕组中测得读数大的一组即有短路故障。

(8) 电流法。电机空载运行，先测量三相电流，再调换两相测量并对比，若不随电源调换而改变，则较大电流的一相绕组有短路。

4) 短路处理方法

(1) 短路点在端部，可用绝缘材料将短路点隔开，也可重包绝缘线，再上漆重烘干。

(2) 短路在线槽内，将其软化后，找出短路点修复，重新放入线槽后，再上漆烘干。

(3) 对短路线匝少于 1/12 的每相绕组，串联匝数时切断全部短路线，将导通部分连接，形成闭合回路，供应急使用。

(4) 绕组短路点匝数超过 1/12 时，要全部拆除重绕。

3. 绕组断路

由于焊接不良或使用腐蚀性焊剂，焊接后又未清除干净，就可能造成虚焊或松脱；受机械应力作用或碰撞时使线圈发生短路或接地故障，从而使绕组导线烧毁，同时在被烧的几根导线中有一根或几根导线短路时，另几根导线由于电流的增加而温度上升，从而引起绕组发热而断路。绕组断路一般分为一相绕组端部断线、匝间短路、并联支路处断路、多根导线被烧断断路、转子断笼。

1) 故障现象

电动机不能启动；三相电流不平衡；有异常噪声或振动大；温升超过允许值或冒烟。

2) 产生原因

(1) 在检修和维护保养时碰断绕组导线。

(2) 绕组各元件、极(相)组和绕组与引接线等接线头焊接不良，长期运行过热脱焊。

(3) 受机械力和电磁场力使绕组损伤或拉断。

(4) 匝间或相间短路及接地造成绕组严重烧焦或熔断等。

3) 检查方法

(1) 观察法。断点大多数发生在绕组端部，看有无碰折，接头处有无脱焊。

(2) 万用表法。"Y"型接法是利用电阻挡将一根表棒接在"Y"形的中心点上，另一根依次接在三相绕组的首端，无穷大的一相即为断点；"△"型接法是断开连接后，分别测每组绕组，无穷大的则为断路点。

(3) 试灯法。将灯串到被测绕组上并通入低压安全交流电，灯不亮的一相为断路。

(4) 兆欧表法。阻值趋向无穷大的一相为断路点。

(5) 电流表法。电机在运行时，用电流表测三相电流，若三相电流不平衡又无短路现象，则电流较小的一相绕组有部分断路故障。

(6) 电桥法。当电机某一相电阻比其他两相电阻大时，说明该相绕组有部分断路故障。

(7) 电流平衡法。对于"Y"型接法，可将三相绕组并联后，通入低电压大电流的交流电，当三相绕组中的电流相差大于10%时，电流小的一端为断路；对于"△"型接法，先将定子绕组的一个接点拆开，再逐相通入低压大电流，其中电流小的一相为断路。

(8) 断笼侦察器检查法。检查时，如果转子断笼，则毫伏表的读数应减小。

4) 断路处理方法

(1) 断路在端部时，连接好后焊牢，包上绝缘材料，套上绝缘管，绑扎好，再烘干。

(2) 绕组是由于匝间、相间短路和接地等原因而造成绕组严重烧焦的，一般应更换新绕组。

(3) 对断路点在槽内的，属于少量断点的则可做应急处理，采用分组淘汰法找出断点，并在绕组断部将其连接好，待绝缘合格后方可使用。

(4) 对笼形转子断笼的可采用焊接法、冷接法或换条法进行修复。

4. 绕组接错

绕组接错造成不完整的旋转磁场，致使启动困难、三相电流不平衡、噪声大等症状，严重时若不及时处理会烧坏绕组。绕组接错主要有下列几种情况：某极相中一只或几只线圈嵌反或头尾接错；极(相)组接反；某相绕组接反；多路并联绕组支路接错；"△"、"Y"接法错误。

1) 故障现象

电动机不能启动、空载电流过大或不平衡过大，温升太快或有剧烈振动并有很大的噪声、烧断保险丝等现象。

2) 产生原因

误将"△"型接成"Y"型；维修保养时三相绕组有一相首尾接反；减压启动是抽头位置选择不合适或内部接线错误；新电机在下线时，绕组连接错误；旧电机接线时，绕组接线柱判断不对。

3) 检修方法

(1) 滚珠法。若滚珠沿定子内圆周表面旋转滚动，则说明正确，否则绕组有接错现象。

(2) 指南针法。如果绕组没有接错，则在一相绕组中，指南针经过相邻的极(相)组时，所指的极性应相反，在三相绕组中相邻的不同相的极(相)组也相反；如极性方向不变时，说明有一极(相)组反接；若指向不定，则相组内有反接的线圈。

(3) 万用表电压法。按电机绕组接线图测量电机绕组电压两次，如果两次测量电压表均无指示，或一次有读数、一次没有读数，说明绕组有接反处。

常见的检修方法还有干电池法、毫安表剩磁法、电动机转向法等。

4) 处理方法

(1) 一个线圈或线圈组接反，则空载电流有较大的不平衡，应送厂返修。

(2) 引出线错误的应正确判断首尾后重新连接。

(3) 减压启动接错的应对照电机绕组接线图或原理图，认真校对重新接线。

(4) 新电机下线或重接新绕组后接线错误的，应送厂返修。

(5) 定子绕组一相接反时，接反的一相电流特别大，可根据这个特点查找故障并进行维修。

(6) 把"Y"型接成"△"型时，若发生空载电流过大，则应及时更正绕组接法。

【任务实施】

1. 思维导图

本任务的思维导图如图 3-7-1 所示。

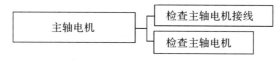

图 3-7-1　主轴电机电路故障检测思维导图

2. 排除过程

本任务的故障排查过程如下所示：

2.1　检查主轴电机接线

2.1.1　检查变频器输出端 U 接线

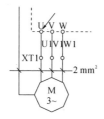

2.1.2　检查变频器输出端 V 接线

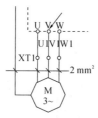

2.1.3　检查变频器输出端 W 接线

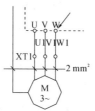

2.1.4　检查 XT1 端子排上 U1 接线

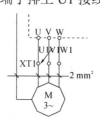

2.1　检查主轴电机接线

　(1) 检查变频器侧接线端子有无松动，有则拧紧。

　(2) 检查 XT1 端子排接线有无松动，有则拧紧。

2.1.5　检查 XT1 端子排上 V1 接线

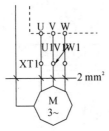

2.1.6　检查 XT1 端子排上 W1 接线

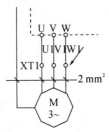

2.1.7　检查电机输入端 U 端接线柱接线

2.1.8　检查电机输入端 V 端接线柱接线

2.1.9　检查电机输入端 W 端接线柱接线

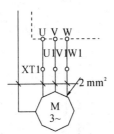

(3) 检查电机侧接线端子的接线有无松动，有则拧紧。

2.1.10　检查 XT1 与变频器之间 U 相导线

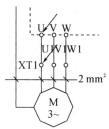

2.1.11　检查 XT1 与变频器之间 V 相导线

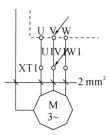

2.1.12　检查 XT1 与变频器之间 W 相导线

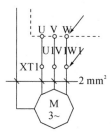

2.1.13　检查 XT1 与电机之间 U 相导线

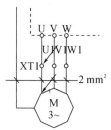

2.1.14　检查 XT1 与电机之间 V 相导线

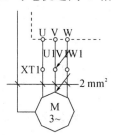

(4) 检查导线有无断线，有则换线。

2.1.15　检查 XT1 与电机之间 W 相导线

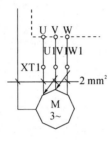

2.2　检查主轴电机
2.2.1　检查电机 UV 绕组

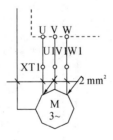

2.2.2　检查电机 UW 绕组

2.2.3　检查电机 VW 绕组

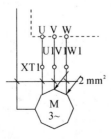

2.2　检查主轴电机

(1) 检查电机绕组有无故障。

(2) 检查电机绕组接线有无问题，有则进行更改。

【任务评价】

任务评价表

项目_____　　任务_____
姓名_____　　班级_____

评价项目	评价标准	配分	个人自评	小组评价	教师评价
知识储备	资料收集、整理、自主学习	5			
任务实施	工具、配件等使用和摆放符合要求	5			
	严格按要求检修故障	20			
	正确排除故障	35			
	服从管理，遵守校规、校纪和安全操作规程	5			
任务思考	能实现知识的融汇	5			
	能提出创新方案	5			
	认真思考，考虑问题全面	5			
学习态度	主动学习	5			
	团队意识强	5			
	学习认真	5			
总　　计		100			
综合评定 (个人 30%，小组 30%，教师 40%)					
任务评语				年　　月　　日	

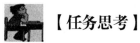

【任务思考】

(1) 三相异步电动机的结构特点有哪些？

(2) 三相异步电动机三相绕组阻值不平衡说明什么问题？

项目四　数控车床伺服系统电路故障诊断与维修

004_项目四_512px.png

任务一　数控车床伺服系统电路故障概述

【任务描述】

伺服系统又称随动系统，是用来精确地跟随或复现某个过程的反馈控制系统。伺服系统是物体的位置、方位、状态等输出被控量能够跟随输入目标(或给定值)任意变化的自动控制系统。它的主要任务是按控制命令的要求，进行功率放大、变换与调控等处理，使驱动装置输出的力矩、速度和位置等得到控制。本任务让学生掌握伺服系统相关的故障诊断与维修方法。

【任务目标】

(1) 了解伺服系统组成结构。

(2) 掌握伺服系统故障特点。

【知识储备】

伺服系统是指利用某一部件(如控制杆)的作用使系统所处的状态到达或接近某一预定值，并能将所需状态(所需值)和实际状态加以比较，依照它们的差别(有时是这一差别的变化率)调节控制部件的自动控制系统。

1. 主要作用

(1) 以小功率指令信号去控制大功率负载。

(2) 在没有机械连接的情况下，由输入轴控制位于远处的输出轴，实现远距同步传动。

(3) 使输出机械位移精确地跟踪电信号，如记录和指示仪表等。

2. 主要分类

按系统组成元件的性质划分，分为电气伺服系统、液压伺服系统、电气—液压伺服系统和电气—电气伺服系统等。

按系统输出量的物理性质划分，分为速度或加速度伺服系统和位置伺服系统等。

按系统中所包含的元件特性和信号作用特点划分，分为模拟式伺服系统和数字式伺服系统。

按系统的结构特点划分，分为单回伺服系统、多回伺服系统、开环伺服系统和闭环伺服系统。

按伺服系统驱动元件划分，分为步进式伺服系统、直流电动机(简称直流电机)伺服系统、交流电动机(简称交流电机)伺服系统。

3. 性能要求

伺服系统的基本要求是稳定性好、精度高和快速响应性好。

稳定性是指作用在系统上的扰动消失后，系统能够恢复到在原来的稳定状态下运行；或者在输入指令信号作用下，系统能够达到新的稳定运行状态的能力，在给定输入或外界干扰作用下，能在短暂的调节过程后到达新的或者回复到原有的平衡状态。

伺服系统的精度是指输出量能跟随输入量的精确程度。作为精密加工的数控车床，要求的定位精度或轮廓加工精度通常都比较高，允许的偏差一般都在 0.01~0.001 mm 之间。

快速响应性好有两方面含义，一是指动态响应过程中，输出量随输入指令信号变化的迅速程度，二是指动态响应过程结束的迅速程度。快速响应性是伺服系统动态品质的标志之一，即要求跟踪指令信号的响应要快，一方面要求过渡过程时间短，一般在 200 ms 以内，甚至小于几十毫秒；另一方面，为满足超调要求，要求过渡过程的前沿要陡，即上升率要大。

4. 主要结构

伺服系统主要由四部分组成：控制器、功率驱动装置、反馈装置和电动机。控制器按照数控系统的给定值和通过反馈装置检测的实际运行值的差，调节控制量；功率驱动装置作为系统的主回路，一方面按控制量的大小将电网中的电能作用到电动机上，调节电动机转矩的大小，另一方面按电动机的要求，把恒压恒频的电网供电转换为电动机所需的交流电或直流电；电动机则按供电大小拖动机械运转。

5. 主要特点

(1) 精确的检测装置：用以组成速度和位置闭环控制。

(2) 有多种反馈比较原理与方法：根据检测装置实现信息反馈的原理不同，伺服系统反馈比较的方法也不相同。常用的有脉冲比较、相位比较和幅值比较三种。

(3) 高性能的伺服电动机(简称伺服电机)：用于高效和复杂形状零件加工的数控机床。由于伺服系统将经常处于频繁的启动和制动过程中，因此要求电机的输出力矩与转动惯量的比值大，以产生足够大的加速或制动力矩；要求伺服电机在低速时有足够大的输出力矩且运转平稳，以便在与机械运动部分连接中尽量减少中间环节。

(4) 宽调速范围的速度调节系统，即速度伺服系统：从系统的控制结构看，数控机床的位置闭环系统可看作是位置调节为外环、速度调节为内环的双闭环自动控制系统，其内部的实际工作过程是把位置控制输入转换成相应的速度给定信号后，再通过调速系统驱动伺服电机，实现实际位移。数控机床的主运动要求调速性能也比较高，因此要求伺服系统为高性能的宽调速系统。

 【任务实施】

1. 电气原理图

数控车床的伺服控制电气原理图是数控车床伺服电气故障诊断与维修的基础，在进行数控车床伺服电路故障诊断与排除之前必须要掌握电气原理图，才能为正确判断和排除相关故障点提供保障。数控车床典型伺服电气原理图如图 4-1-1 至图 4-1-7 所示。

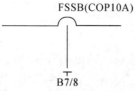

图 4-1-1　伺服 FSSB 连接图

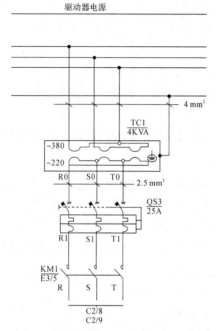

图 4-1-2　伺服主电路图

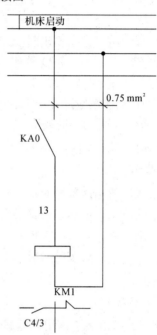

图 4-1-3　机床启动电路图

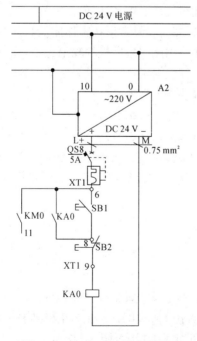

图 4-1-4　24 V 电源回路图

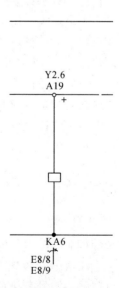

图 4-1-5　急停控制回路

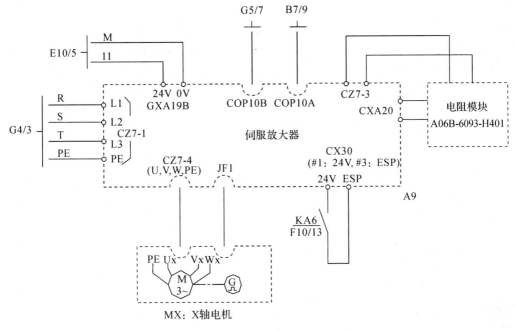

图 4-1-6　X 轴伺服驱动器电气图

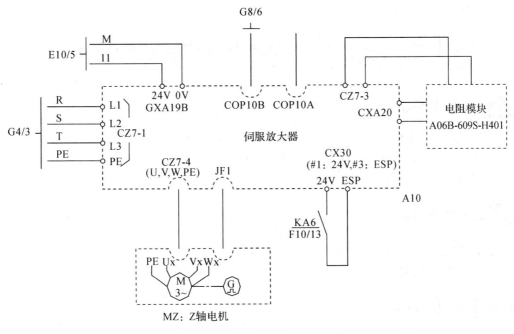

图 4-1-7　Z 轴伺服驱动器电气图

2. 思维导图

在掌握数控车床伺服电气原理的基础上，根据故障现象以及数控车床伺服回路组成构建数控车床伺服电路故障思维导图，为判断和排除数控车床伺服电路故障做好规划。数控车床伺服回路故障检测思维导图如图 4-1-8 所示。

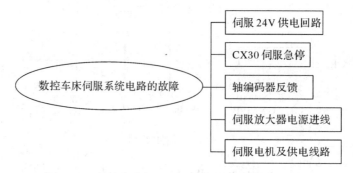

图 4-1-8　数控车床伺服回路故障检测思维导图

 【任务评价】

(1) 写出发那科伺服驱动的结构原理。

(2) 写出发那科伺服系统的功能。

 【任务思考】

数控机床的电气组成有什么特点？

任务二　伺服 24 V 供电回路电路故障诊断与维修

 【任务描述】

伺服 24 V 供电通过 CXA19B 接口输入给伺服驱动器控制电路供电，若是没有该供电则导致伺服驱动器控制电路无法正常工作，并且要求该电压要稳定，否则会导致伺服控制系统工作不稳定。本次任务让学生掌握 24 V 供电回路的故障诊断与维修方法和过程。

 【任务目标】

(1) 掌握发那科伺服 24 V 供电电路结构类型。

(2) 掌握发那科伺服 24 V 供电电路故障排除方法。

 【知识储备】

开关电源是利用现代电力电子技术，通过控制开关管开通和关断的时间比率来维持稳定输出电压的一种电源。开关电源一般由脉冲宽度调制(PWM)控制 IC 和 MOSFET 构成。随着电力电子技术的发展和创新，开关电源技术也在不断地创新。目前，开关电源以小型、轻量和高效率的特点被广泛应用于电子设备，是当今电子信息产业飞速发展不可缺少的一种电源方式。

1. 基本组成

开关电源由主电路、控制电路、检测电路、辅助电源四大部分组成。

1) 主电路

(1) 冲击电流限幅：限制接通电源瞬间输入侧的冲击电流。

(2) 输入滤波器：其作用是过滤电网存在的杂波及阻碍本机产生的杂波反馈回电网。

(3) 整流与滤波：将电网交流电源直接整流为较平滑的直流电。

(4) 逆变：将整流后的直流电变为高频交流电，这是高频开关电源的核心部分。

(5) 输出整流与滤波：根据负载需要，提供稳定可靠的直流电源。

2) 控制电路

一方面从输出端取样，与设定值进行比较，然后去控制逆变器，改变其脉宽或脉频，使输出稳定，另一方面，根据测试电路提供的数据，经保护电路鉴别，提供控制电路对电源进行各种保护措施。

3) 检测电路

提供保护电路中正在运行的各种参数和各种仪表数据。

4) 辅助电源

实现电源的软件(远程)启动，为保护电路和控制电路(PWM 等芯片)工作供电。

2. 工作原理

开关电源的工作过程相当容易理解，在线性电源中，让功率晶体管工作在线性模式，与线性电源不同的是，PWM 开关电源是让功率晶体管工作在导通和关断的状态，在这两种状态中，加在功率晶体管上的伏安乘积是很小的(在导通时，电压低，电流大；关断时，电压高，电流小)，功率器件上的伏安乘积就是功率半导体器件上所产生的损耗。

与线性电源相比，PWM 开关电源更为有效的工作过程是通过"斩波"，即把输入的直流电压斩成幅值等于输入电压幅值的脉冲电压来实现的。

脉冲的占空比由开关电源的控制器来调节。一旦输入电压被斩成交流方波，其幅值就可以通过变压器来升高或降低。通过增加变压器的二次绕组数就可以增加输出的电压值。最后这些交流波形经过整流滤波后就得到直流输出电压。

控制器的主要目的是保持输出电压稳定，其工作过程与线性形式的控制器很类似，也就是说控制器的功能块、电压参考和误差放大器，可以设计成与线性调节器相同。它们的不同之处在于，误差放大器的输出(误差电压)在驱动功率管之前要经过一个电压/脉冲宽度转换单元。

开关电源有两种主要的工作方式：正激式变换和升压式变换。尽管它们各部分的布置差别很小，但是工作过程相差很大，在特定的应用场合下各有优点。

 【任务实施】

1. 思维导图

本任务的思维导图如图 4-2-1 所示。

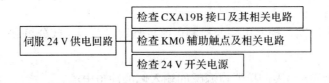

图 4-2-1 伺服 24 V 供电回路电路故障检测思维导图

2. 排查过程

本任务的故障排查过程如下所示：

2.1 检查 CX19B 接口及相关电路

2.1.1 检查伺服 0 V 接线

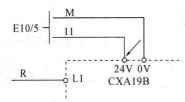

2.1.2 检查伺服 24 V 接线

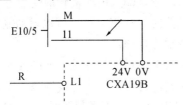

2.1.3 检查 11 号导线

2.1.4 检查 M 号导线

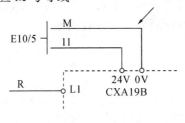

2.1 检查 CX19B 接口及相关电路

(1) 检查 CXA19B 接口线有无脱落和松动，若有则重新接线。

(2) 检查 CXA19B 接线有无断线，有则进行更换。

2.1.5　检查 CXA19B 插头

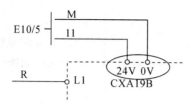

2.1.6　检查电压

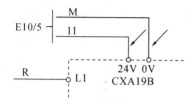

2.2　检查 KM0 辅助触点及相关电路
2.2.1　检查 KM0 触头导通性

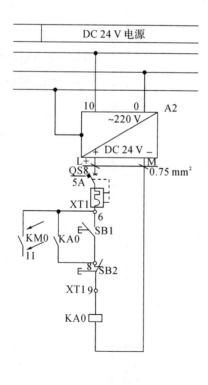

(3) 检查 CXA19B 接口有没有安装到位，重新插拔一下即可。

(4) 检查 24 V 和 0 V 接线是否正确，若不正确则进行更改。

(5) 检查 11 号线和 M 号线之间电压是否是 24 V，若不是则检查后续电路。

2.2　检查 KM0 辅助触点及相关电路

(1) 检查 KM0 辅助触点有无闭合，若未闭合则检查 KM0 线圈。

2.2.2　检查 KM0 触头输入端导线

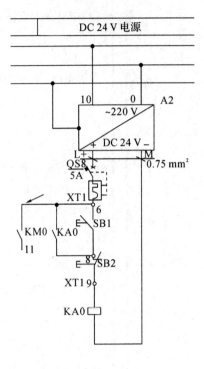

2.2.3　检查线圈

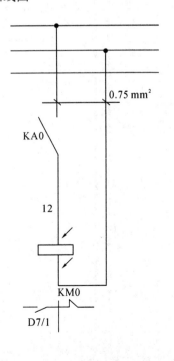

(2) 若 KM0 辅助触点闭合，则检查触点接线是否正常。

(3) 检查 KM0 线圈是否正常，若线圈损坏则更换接触器。

2.2.4　检查 KA0 触头导通性

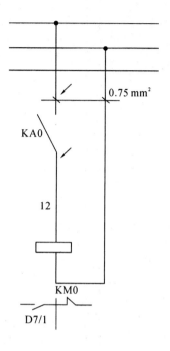

2.2.5　检查 12 号导线

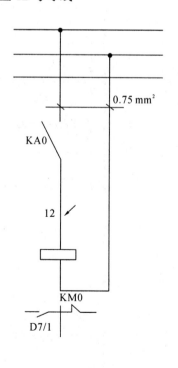

(4) 检查 KM0 两边电压是否正常，若不正常则检查 KA0 触点是否闭合。

(5) 检查 KM0 两边电压是否正常，若不正常则检查接线是否断线。

2.2.6 检查 KM0 输出端导线

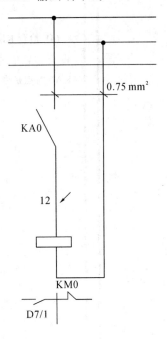

2.2.7 检查 KA0 线圈

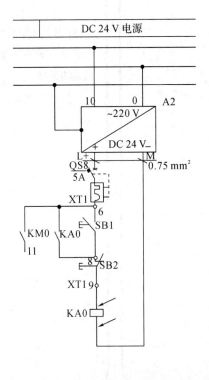

(6) 若 KM0 相关内容检查完并确认无误之后，则检查 KA0 触点，若未闭合则检查 KA0 线圈电路。

2.2.8　检查 SB2 按钮

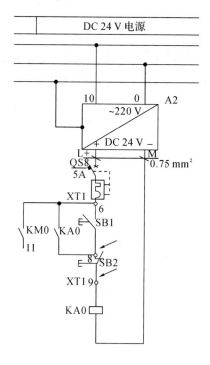

2.2.9　检查 SB1 按钮

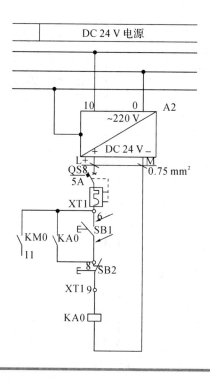

(7) 若 KA0 线圈没有问题则检查 SB2 按钮。

(8) 若 SB2 按钮无问题则检查 SB1 按钮。

2.2.10　检查 QS8

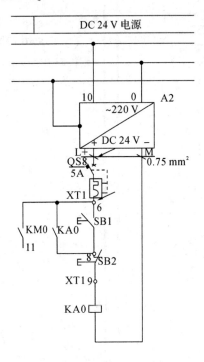

(9) 若 SB1 按钮无问题则检查 QS8 是否合闸，以及其触点接触是否正常，若接触不正常则进行更换。

2.2.11　检查 24 V 电源输出

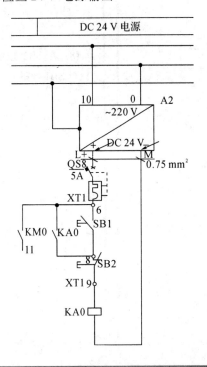

(10) 检查 24 V 开关电源输出电压是否正常，若不正常则检查开关电源。

2.2.12　检查导线

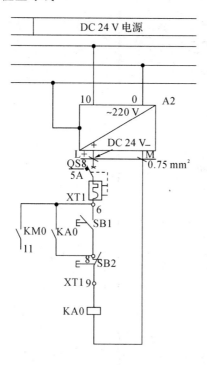

(11) 若开关电源输出正常，则检查后续电路接线是否有断线或松动脱落。

2.2.13　检查导线

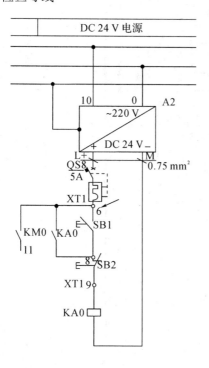

2.2.14　检查导线

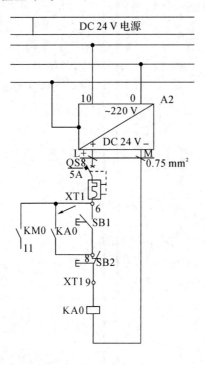

2.2.15　检查导线

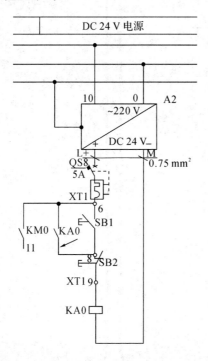

2.2.16　检查导线

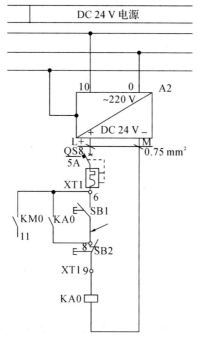

2.2.17　检查导线

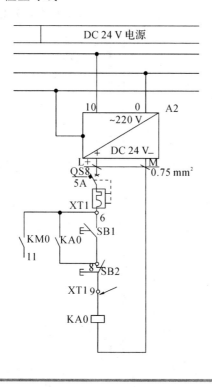

2.2.18　检查导线

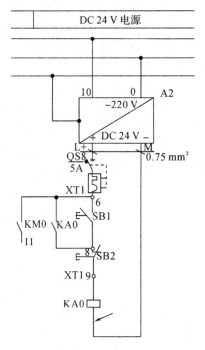

2.3　检查 24 V 开关电源

2.3.1　检查输入端电压

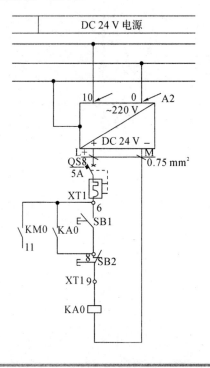

2.3　检查 24 V 开关电源

(1) 检查开关电源供电是否正常，若不正常则检查供电回路。

2.3.2　检查 220 V 供电 QS5

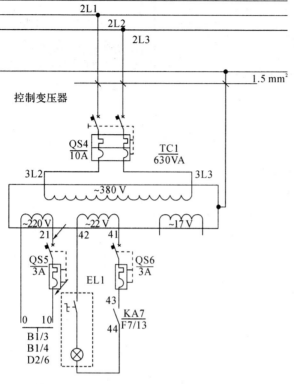

(2) 检查控制变压器 220 V 输出回路中 QS5 是否合闸，以及其触点闭合是否正常，若不正常则进行更换。

2.3.3　检查控制变压器 220 V 输出电压

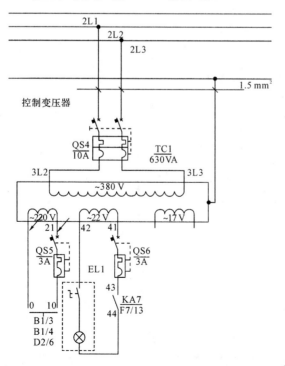

(3) 若 QS5 正常，则检查控制变压器 AC220 V 输出端子电压是否正常。

2.3.4　检查接线

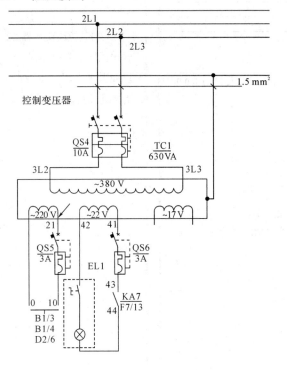

2.3.5　检查接线

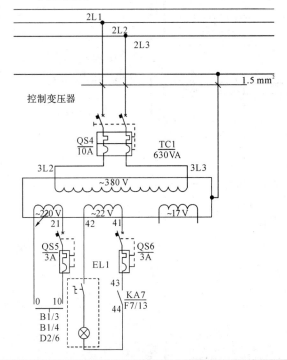

(4) 若输出正常则检查输出端子后续接线有无断线和松动脱落现象，有则进行更改。

2.3.6　检查 QS4 输入端电压

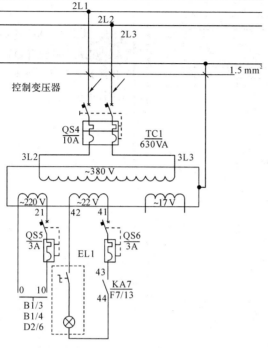

2.3.7　检查 QS4 输出端电压

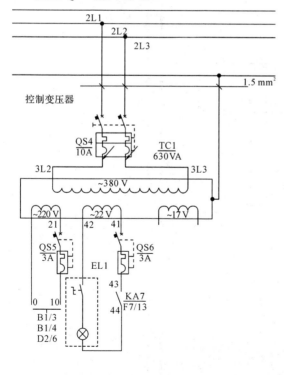

(5) 若输出侧无问题，则检查控制变压器输入端 AC380 V 是否正常。

(6) 检查 QS4 输出端电压是否正常，若正常则检修换变压器。

2.3.8 检查 QS4 触头导通性

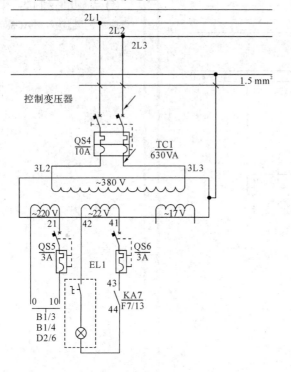

(7) 若检查 QS4 输出端电压不正常，则检查 QS4 触点接触是否正常，若不正常则进行更换。

2.3.9 检查 QS4 触头导通性

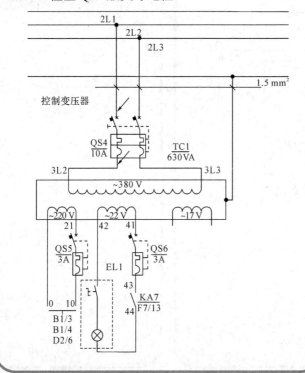

2.3.10　检查变压器输入端子接线

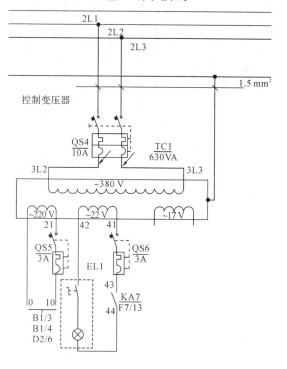

(8) 检查控制变压器接线端子接线是否正确，有无松动脱落现象，有则进行更换。

2.3.11　检查 QS4 输入端导线

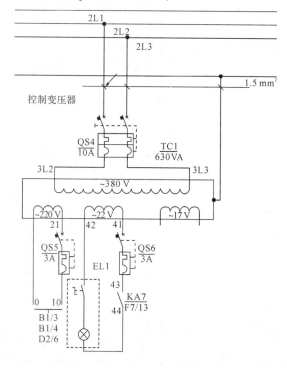

(9) 检查控制变压器输入端各处导线有无断线，有则进行更换。

2.3.12　检查 QS4 输入端导线

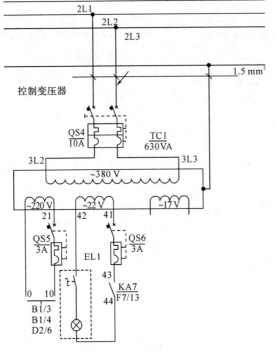

2.3.13　检查 QS4 输出端子接线

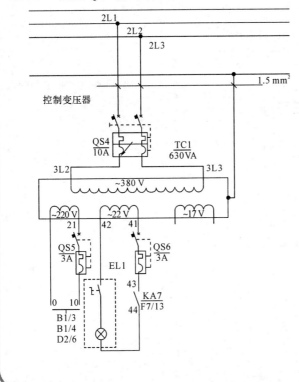

2.3.14　检查 QS4 输出端子接线

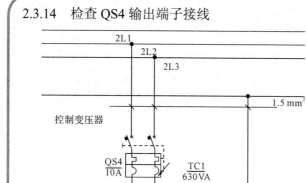

【任务评价】

任务评价表

项目＿＿＿＿＿＿＿＿＿＿＿＿＿＿　任务＿＿＿＿＿＿＿＿＿＿＿＿＿＿＿

姓名＿＿＿＿＿＿＿＿＿＿＿＿＿＿　班级＿＿＿＿＿＿＿＿＿＿＿＿＿＿＿

评价项目	评 价 标 准	配分	个人 自评	小组 评价	教师 评价
知识储备	资料收集、整理、自主学习	5			
任务实施	工具、配件等使用和摆放符合要求	5			
	严格按要求检修故障	20			
	正确排除故障	35			
	服从管理，遵守校规、校纪和安全操作规程	5			
任务思考	能实现知识的融汇	5			
	能提出创新方案	5			
	认真思考，考虑问题全面	5			

续表

评价项目	评 价 标 准	配分	个人自评	小组评价	教师评价
学习态度	主动学习	5			
	团队意识强	5			
	学习认真	5			
总　　计		100			
综合评定 (个人 30%，小组 30%，教师 40%)					
任务评语			年　　　月　　　日		

【任务思考】

(1) 伺服 24 V 供电回路电路故障在排查过程中有无其他方法？

(2) 伺服 24 V 供电回路电路故障在排查过程中有无特殊注意事项？

任务三　CX30 接口及相关电路故障诊断与维修

【任务描述】

　　发那科伺服 CX30 接口是伺服放大器的急停信号输入接口，该信号是控制电机紧急停止的信号，该信号不正常将导致伺服放大器不能工作并报警。本次任务要求学生掌握 CX30 接口相关电路故障的排除方法和过程。

【任务目标】

(1) 掌握 CX30 接口电路结构。

(2) 掌握 CX30 接口接线。

【知识储备】

伺服模块接受从控制单元发出的进给速度和位移指令信号。伺服模块对控制单元传送过来的数据做一定的转换和放大后，驱动伺服电机，从而驱动机械传动机构，使驱动机床的执行部件实现精确的工作进给和快速移动。FANUC 的 α 系列伺服模块主要分为 SVM、SVM—HV 两种，其中 SVM 型的一个单独模块最多可带三个伺服轴，而 SVM—HV 型的一个单独模块最多可带两个伺服轴。可以根据不同的 NC 系统使用不同的接口类型，即 A 型(TYPE A)、B 型(TYPE B)和 FSSB 三种。FANUC 0i—MA 数控系统属于 B 型接口类型。

1. FANUC 0i 伺服模块的型号

伺服模块的型号如下所示：

SVM □ — □ / □ / □□
　①　②　　③　④　⑤⑥

各个模块含义如下：

①表示伺服模块；

②表示轴数，1 = 1 轴伺服模块，2 = 2 轴伺服模块，3 = 3 轴伺服模块；

③表示第一轴最大电流；

④表示第二轴最大电流；

⑤表示第三轴最大电流；

⑥表示输入电压，"无字" = 200 V，HV = 400 V。

2. FANUC 0i 伺服模块各指示灯和接口信号的定义

SVM 1—12 伺服模块各指示灯和接口信号的定义如下：

(1) 直流电源输入端。该接口与电源模块的输出端、主轴模块、伺服模块的自流输入端相连。

(2) BATTERY——电池。该电池用于系统断电后，保存绝对型位置编码器的位置数据。

(3) STATUS——LED 状态。用于表示伺服模块所处的状态，出现异常时，显示相关的报警代码。

(4) CX5X——绝对型位置编码器电池接口。一般地，与电池连接或在使用分离型电池盒时，与下一伺服模块的 CX5Y 连接。

(5) CX5Y——绝对型位置编码器电池接口。一般地，在使用分离型电池盒时，与下一伺服模块的 CX5X 连接。

(6) S1/S2——接口选择开关。S1 为 A 型接口，S2 为 B 型接口。

(7) F2——24 V 电源熔丝。

(8) CX2A——直流 24 V 输入接口。一般地，该接口与主轴模块或上一伺服模块的 CX2B 连接，接收急停信号。

(9) CX2B——直流 24 V 输入接口。一般地，该接口与下一伺服模块的 CX2A 连接，输出急停信号。

(10) 直流回路连接充电状态 LED。在该指示灯完全熄灭后，方可对模块电缆进行各种操作，否则有触电危险。

(11) JX5——伺服状态检查接口。该接口用于连接伺服模块状态检查电路板。通过伺服模块状态检查电路板可获得伺服模块内部信号的状态。

(12) JX1A——模块连接接口。该接口一般与主轴或上一个伺服模块的 JX1B 连接，用作通信。

(13) JX1B——模块连接接口。该接口一般与下一个伺服模块的 JX1A 连接。

(14) PWM11/JV1B——A 型 NC 数控系统接口。

(15) PWM21/JS1B——B 型 NC 数控系统接口。该接口与 FANUC 0i 系统控制单元相对应的伺服模块接口 JSnA(n 为轴号)连接。

(16) ENC/JF1——位置编码器接口。该接口只在使用 B 型接口类型时使用。

(17) 三相交流变频电源输出端。该接口与相对应的伺服电机连接。

 【任务实施】

1. 思维导图

本任务的思维导图如图 4-3-1 所示。

图 4-3-1　CX30 接口及相关电路故障检测思维导图

2. 排查过程

本任务的故障排查过程如下所示：

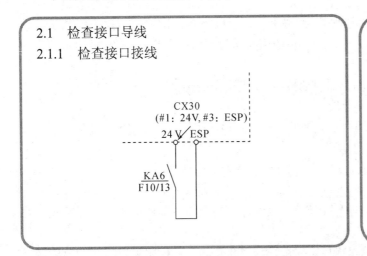

2.1　检查接口导线
2.1.1　检查接口接线

2.1　检查接口导线

(1) 检查接口接线端子是否正确，检查接线有无松动或脱落。

2.1.2　检查接口接线

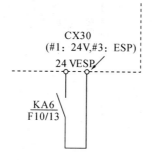

2.1.3　检查接口插头

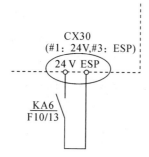

(2) 检查接口是否接触到位，从新插拔检查。

2.1.4　检查 KA6 输入端导线

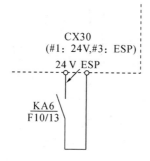

(3) 检查导线有无断线，有则进行更换。

2.1.5　检查 KA6 输出端导线

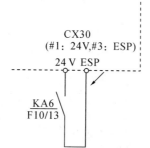

2.1.6 检查电压

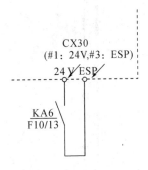

2.2 检查 KA6 相关电路
2.2.1 检查触头

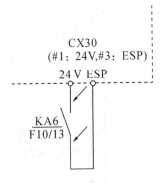

2.2.2 检查 KA6 触点接线

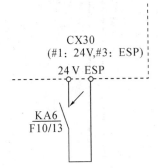

(4) 检查 24 V 电压是否正常，若不正常则检查 KA6 相关电路。

2.2 检查 KA6 相关电路

(1) 检查 KA6 常开触点两边 24 V 电压，若有电压则说明 KA6 触点未闭合。

(2) 若 KA6 触点闭合，则检查其接线端子有无松动或脱落。

2.2.3　检查 KA6 触点接线

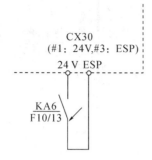

2.2.4　检查 KA6 线圈

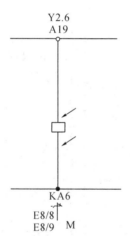

(3) 若 KA6 触点未闭合，则检查线圈有无故障，有则进行更换。

2.2.5　检查电压

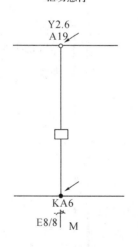

(4) 检查 Y2.6 与 M 之间的电压是否为 24 V，若无则先检查接线。

2.2.6 检查 Y2.6 接线

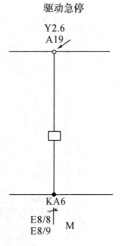

2.2.7 检查导线

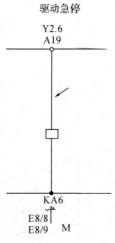

2.2.8 检查 KA6 线圈输入端接线

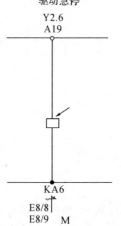

(5) 检查 Y2.6 接口接线有无松动脱落，有则拧紧。

(6) 检查导线有无断线，有则进行更换。

(7) 检查 KA6 线圈接线端子处接线有无松动脱落，有则拧紧。

2.2.9　检查 KA6 线圈输出端接线

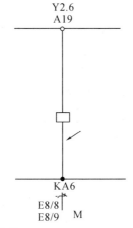

2.2.10　检查 KA6 线圈输出端导线

（8）检查导线有无断线，有则进行更换。

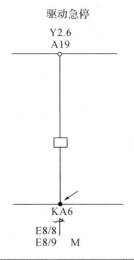

2.2.11　检查接线

（9）检查 M 处端子接线有无松动脱落，有则拧紧。

【任务评价】

任务评价表

项目＿＿＿＿＿＿＿＿＿＿＿＿＿＿　　任务＿＿＿＿＿＿＿＿＿＿＿＿＿＿＿＿＿

姓名＿＿＿＿＿＿＿＿＿＿＿＿＿＿　　班级＿＿＿＿＿＿＿＿＿＿＿＿＿＿＿＿＿

评价项目	评 价 标 准	配分	个人自评	小组评价	教师评价
知识储备	资料收集、整理、自主学习	5			
任务实施	工具、配件等使用和摆放符合要求	5			
	严格按要求检修故障	20			
	正确排除故障	35			
	服从管理，遵守校规、校纪和安全操作规程	5			
任务思考	能实现知识的融汇	5			
	能提出创新方案	5			
	认真思考，考虑问题全面	5			
学习态度	主动学习	5			
	团队意识强	5			
	学习认真	5			
总　　　计		100			
综合评定 （个人 30%，小组 30%，教师 40%）					
任务评语					
			年　　　　月　　　　日		

【任务思考】

(1) 伺服急停回路有没有其他接线方式？

(2) 在该故障排查过程中要注意哪些特别地方？

任务四　轴反馈编码器电路故障诊断与维修

 【任务描述】

伺服放大器 JF1 接口是伺服电机编码器信号反馈接口。编码器反馈信号故障会导致电机飞车报警，或者导致电机窜动，因此该故障是比较危险的，要及时排除。本任务就是要学生掌握该接口故障的维修排除过程和方法。

 【任务目标】

(1) 掌握 JF1 接线定义。
(2) 掌握编码器原理。

 【知识储备】

编码器(Encoder)是将信号(如比特流)或数据进行编制、转换为可用以通信、传输和存储的信号形式的设备。编码器把角位移或直线位移转换成电信号，前者称为码盘，后者称为码尺。按照读出方式，编码器可以分为接触式和非接触式两种；按照码盘的刻孔方式不同，编码器可分为增量式和绝对式两种。增量式编码器是将位移转换成周期性的电信号，再把这个电信号转变成计数脉冲，用脉冲的个数表示位移大小的。绝对式编码器的每一个位置对应一个确定的数字码，因此它的示值只与测量的起始和终止位置有关，而与测量的中间过程无关。

1. 编码器分类

1) 按码盘刻孔方式分类

按码盘的刻孔方式不同，分为增量式和绝对式。

(1) 增量式：就是每转过单位的角度就发出一个脉冲信号(也有发正余弦信号，然后对其进行细分，斩波出频率更高的脉冲)，通常为 A 相、B 相、Z 相输出，A 相、B 相为相互延迟 1/4 周期的脉冲输出，根据延迟关系可以区别正反转，而且通过取 A 相、B 相的上升和下降沿可以进行 2 或 4 倍频；Z 相为单圈脉冲，即每圈发出一个脉冲。

(2) 绝对式：就是对应一圈、每个基准的角度发出一个唯一与该角度对应二进制的数值，通过外部记圈器件可以进行多个位置的记录和测量。

2) 按信号输出类型分类

按信号的输出类型分为电压输出、集电极开路输出、推拉互补输出和长线驱动输出。

3) 按编码器机械安装形式分类

按编码器机械安装形式不同，分为有轴型和轴套型。

(1) 有轴型：有轴型又可分为夹紧法兰型、同步法兰型和伺服安装型等。

(2) 轴套型：轴套型又可分为半空型、全空型和大口径型等。

4) 按编码器工作原理分类

按编码器工作原理不同，可分为光电式、磁电式和触点电刷式。

2. 常见故障

(1) 编码器本身故障：是指编码器本身元器件出现故障，导致其不能产生和输出正确的波形。这种情况下需更换编码器或维修其内部器件。

(2) 编码器连接电缆故障：这种故障出现的概率最高，维修中经常遇到，应是优先考虑的因素。通常故障为编码器电缆断路、短路或接触不良，这时需更换电缆或接头。还应特别注意是否是由于电缆固定不紧，造成松动而引起开焊或断路的，这时需卡紧电缆。

(3) 编码器 +5 V 电源下降：是指 +5 V 电源过低，通常不能低于 4.75 V。造成过低的原因是供电电源故障或电源传送电缆阻值偏大而引起损耗，这时需检修电源或更换电缆。

(4) 绝对式编码器电池电压下降：这种故障通常有含义明确的报警，这时需更换电池，如果参考点位置记忆丢失，还须执行重回参考点操作。

(5) 编码器电缆屏蔽线未接或脱落：这种故障会引入干扰信号，使波形不稳定，影响通信的准确性，因此必须保证屏蔽线可靠焊接及接地。

(6) 编码器安装松动：这种故障会影响位置控制精度，造成停止和移动中位置偏差量超差，甚至刚一开机即产生伺服系统过载报警，需特别注意。

(7) 光栅污染：这会使信号输出幅度下降，必须用脱脂棉蘸无水酒精轻轻擦除油污。

【任务实施】

1. 思维导图

本任务的思维导图如图 4-4-1 所示。

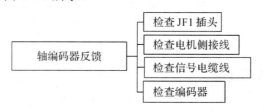

图 4-4-1　轴反馈编码器电路故障检测思维导图

2. 排查过程

本任务的故障排查过程如下所示：

2.1　检查 JF1 插头
2.1.1　检查 5 焊脚

放大器侧　　　　　　　　　　伺服电机侧

JF1		Servo motor
(5)		(6)RD
(6)		(5)*RD
(9)(20)		(8)(9)5V
(12)(14)		(7)(10)0V
(7)		(4)6V
(16)		(3)FG

2.1　检查 JF1 插头

　　按照图中箭头指示依次检查各接线端子有无虚焊或脱落，若有则重新焊接。

2.1.2　检查 6 焊脚

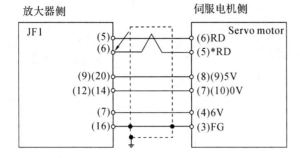

2.1.3　检查 9 和 20 焊脚

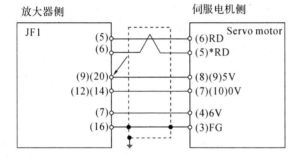

2.1.4　检查 12 和 14 焊脚

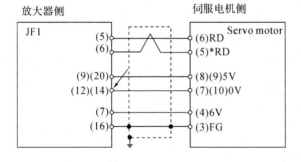

2.1.5　检查 7 焊脚

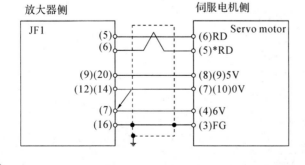

2.1.6 检查 16 焊脚

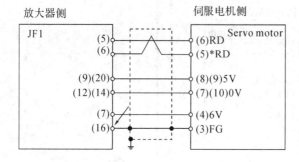

2.2 检查电机侧接线

2.2.1 检查 6 焊脚

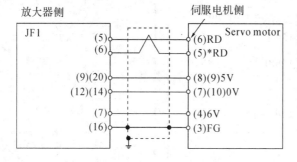

2.2.2 检查 5 焊脚

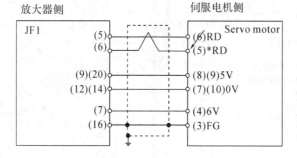

2.2.3 检查 8 和 9 焊脚

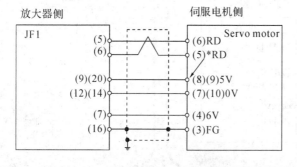

2.2 检查电机侧接线

按照图中箭头指示依次检查各接线端子有无虚焊或脱落，若有则重新焊接。

2.2.4　检查 7 和 10 焊脚

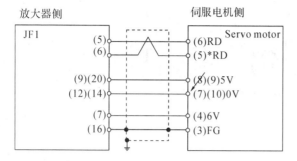

2.2.5　检查 4 焊脚

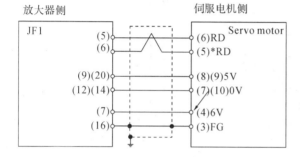

2.2.6　检查 3 焊脚

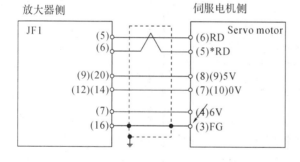

2.3　检查信号电缆线

2.3.1　检查导线

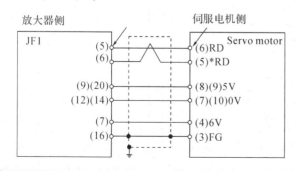

2.3　检查信号电缆线

(1) 按照图中箭头指示依次检查导线有无断线，有则换电缆线。

2.3.2　检查导线

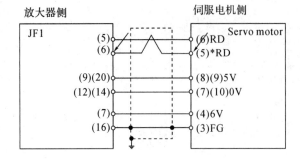

2.3.3　检查导线

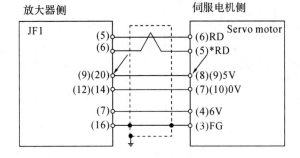

2.3.4　检查导线

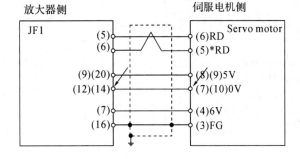

2.3.5　检查导线

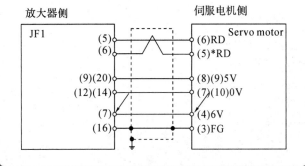

2.3.6　检查导线

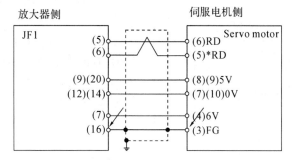

2.3.7　检查信号电缆屏蔽线

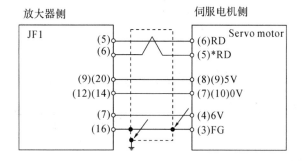

(2) 检查信号电缆屏蔽线是否接好，若未接好则要接好，以防干扰。

2.4　检查编码器
2.4.1　检查电压

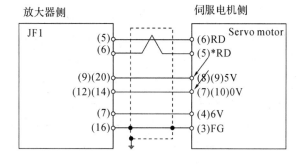

2.4　检查编码器

(1) 检查 5 V 电压是否正常，若不正常则检查放大器侧接口。

2.4.2　检查电压

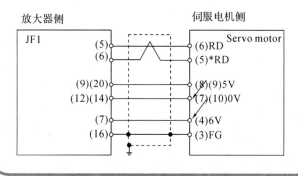

(2) 检查 6 V 电压是否正常，若不正常则检查放大器侧接口。

2.4.3 检查信号

放大器侧　　　　　　　　　　伺服电机侧

```
JF1                              Servo motor
         (5)                (6)RD
         (6)                (5)*RD
         (9)(20)            (8)(9)5V
         (12)(14)           (7)(10)0V
         (7)                (4)6V
         (16)               (3)FG
```

(3) 缓慢转动电机检查有无电压输出，若有则基本可判断编码器未坏，若仍不确定则更换编码器后再试。

【任务评价】

任务评价表

项目＿＿＿＿＿＿＿＿＿＿＿＿＿＿　　任务＿＿＿＿＿＿＿＿＿＿＿＿＿＿＿＿＿

姓名＿＿＿＿＿＿＿＿＿＿＿＿＿＿　　班级＿＿＿＿＿＿＿＿＿＿＿＿＿＿＿＿＿

评价项目	评 价 标 准	配分	个人自评	小组评价	教师评价
知识储备	资料收集、整理、自主学习	5			
任务实施	工具、配件等使用和摆放符合要求	5			
	严格按要求检修故障	20			
	正确排除故障	35			
	服从管理，遵守校规、校纪和安全操作规程	5			
任务思考	能实现知识的融汇	5			
	能提出创新方案	5			
	认真思考，考虑问题全面	5			
学习态度	主动学习	5			
	团队意识强	5			
	学习认真	5			
总　　计		100			
综合评定 (个人 30%，小组 30%，教师 40%)					
任务评语			年　　　月　　　日		

【任务思考】

(1) 检查编码器时要注意哪些事项？

(2) 检查编码器接口有什么特点？

任务五　伺服电源进线线路故障诊断与维修

【任务描述】

伺服电源进线线路是给伺服驱动装置主电路供电的部分，从而进一步保证伺服驱动器输出供电给伺服电机，该线路若有故障则会导致报警和电机无法正常工作。本任务让学生掌握伺服驱动器主电路故障诊断与排查过程及排查方法。

【任务目标】

(1) 掌握伺服驱动主电路结构。

(2) 掌握伺服驱动主电路故障排除方法。

【知识储备】

相序仪是一种新型检测仪器，可检测 500 V 以下(包括 100 V 和 380 V)和 3 kV 及以上高电压电压等级(包括 10 kV、35 kV、110 kV 及 220 kV)三相电压的相序，即检测三相电压 a、b、c 的相序。

1. 相序仪特点

(1) 该仪表在使用时用移动红灯代表顺相，反向移动绿灯代表逆相，分辨清晰。

(2) 该仪表既可用于 380 V 的低电压；又可配合绝缘杆中的衰减电阻用于 3 kV 以上的高电压。

(3) 该仪表内部设有自动电源开关，使用时电源自动打开，不用时电源自动关闭，方便、节能。

2. 相序仪性能指标

(1) 绝缘材料的材质特性：

① 材质特性；

② 绝缘耐受电压。

(2) 绝缘管的长度及衰减电阻的参数。

3. 相序仪技术参数

(1) 输入电压：50～500 V；3～10 kV 及以上电压。

(2) 电源电压：干电池 9 V。

(3) 仪表长 125 mm，宽 65 mm，高 60 mm。

(4) 仪表重量：0.3 kg。

(5) 用于高压电 3～10 kV 电压，另加三根 1.5 m 长绝缘管，内设有电阻 10～50 mΩ。

4. 相序仪使用方法

(1) 用于 100 V、380 V 电压(500 V 以下)：按图 4-5-1，将相序仪的三个输入端 a、b、c 分别接入三相电源。若仪表红灯向右移动，说明被测相序是顺相；若仪表绿灯向左移动，说明被测相序逆相。将其中两两互换，可以改变相位顺序。

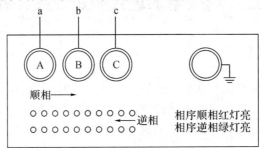

图 4-5-1　相序仪图示

注：低压检测，接地插座可接地，也可不接地。

(2) 用于 3 kV 或以上电压：

① 先将仪表线两端分别插入仪表与绝缘管插孔。

② 在操作前用万用表检查仪表线是否是通的，以及操作杆电阻是否良好(电阻约 10～50 mΩ)。仪表与绝缘管一定要接触良好(接牢)，仪表接地要接触良好(接牢)。检验相序时，三人操作，一人监护；在操作时，人体不得接触仪表及仪表线，并保持安全距离。仪表线不得与外壳(地)接触并保持安全距离。在操作时应严格执行电业安全规程有关规定。辨别相序是否正确，可按使用方法(1)中所述进行验证。

③ 在操作时，人体不得接触仪表、高压连线及接地线，并要保持安全距离。

④ 检测操作除应认真按使用方法执行外还须认真按本单位规程制度执行，并严格按 DL408-1991 安全工作规程(发电厂变电所电气部分)规定使用、保管、试验。

5. 相序仪注意事项

(1) 在使用该仪器时一定要按照规程规范将仪器可靠接地。

(2) 绝缘管必须通过耐压试验，以保证人身、设备安全。

(3) 做该试验时必须按规程要求，至少两个人操作。

 【任务实施】

1. 思维导图

本任务的思维导图如图 4-5-2 所示。

图 4-5-2　伺服电源进线线路故障检测思维导图

2. 排查过程

本任务的故障排查过程如下所示：

2.1 检查电压

2.1.1 检查 RS 之间电压

```
       R ──→ L1 ┐
       S ──→ L2 │
G4/3   T ────○ CZ7-1
       PE ───○ L3 │
              PE ┘
```

2.1.2 检查 RT 之间电压

```
       R ──→ L1 ┐
       S ────○ L2 │
G4/3   T ──→ CZ7-1
              L3 │
       PE ───○ PE ┘
```

2.1.3 检查 ST 之间电压

```
       R ────○ L1 ┐
       S ──→ L2 │
G4/3   T ──→ CZ7-1
              L3 │
       PE ───○ PE ┘
```

2.2 检查线路

2.2.1 检查伺服 R 端接线

```
       R ──→ L1 ┐
       S ────○ L2 │
G4/3   T ────○ CZ7-1
              L3 │
       PE ───○ PE ┘
```

2.2.2 检查伺服 S 端接线

```
       R ────○ L1 ┐
       S ────○ L2 │
G4/3   T ────○ CZ7-1
              L3 │
       PE ───○ PE ┘
```

2.1 检查电压

检查电压是否为 220 V 输入，若不是则检查供电线路。

2.2 检查线路

(1) 检查伺服驱动器输入接口端子接线有无松动脱落。

2.2.3　检查伺服 T 端接线

G4/3 — R S T PE → L1 L2 L3 PE　CZ7-1

2.2.4　检查伺服 PE 端接线

G4/3 — R S T PE → L1 L2 L3 PE　CZ7-1

2.2.5　检查伺服 R 端导线

G4/3 — R S T PE → L1 L2 L3 PE　CZ7-1

2.2.6　检查伺服 S 端导线

G4/3 — R S T PE → L1 L2 L3 PE　CZ7-1

2.2.7　检查伺服 T 端导线

G4/3 — R S T PE → L1 L2 L3 PE　CZ7-1

2.2.8　检查伺服 PE 端导线

G4/3 — R S T PE → L1 L2 L3 PE　CZ7-1

(2) 检查导线有无断线，若有则进行更换。

2.2.9 检查 KM1 触头导通性

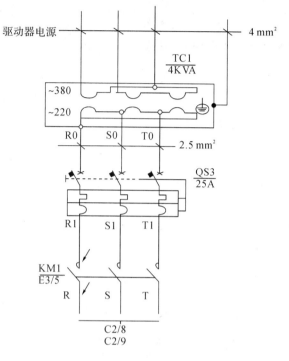

(3) 检查 KM1 主触头是否闭合。

2.2.10 检查 KM1 触头导通性

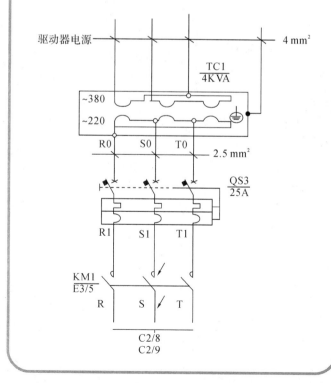

2.2.11　检查 KM1 触头导通性

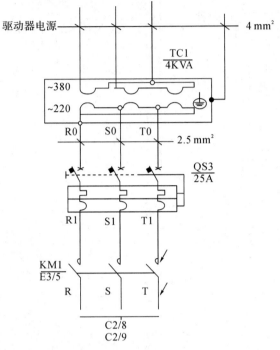

2.2.12　检查 KM1 输入端端子接线

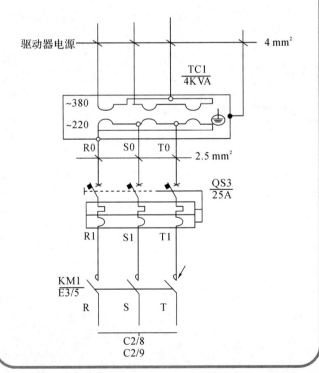

(4) 若闭合则检查触点接线柱接线情况,有无松动脱落。

2.2.13　检查 KM1 输入端端子接线

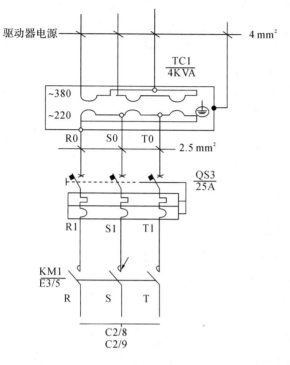

2.2.14　检查 KM1 输入端端子接线

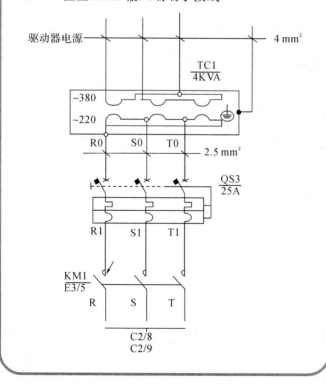

2.2.15　检查 KM1 输出端端子接线

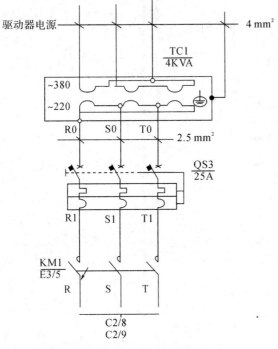

2.2.16　检查 KM1 输出端端子接线

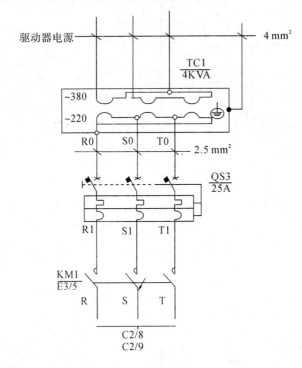

2.2.17 检查 KM1 输出端端子接线

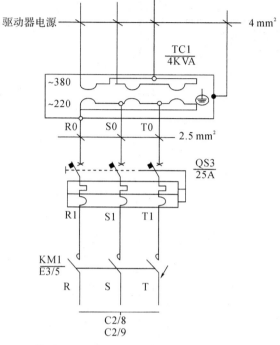

2.2.18 检查 QS3 触头导通性

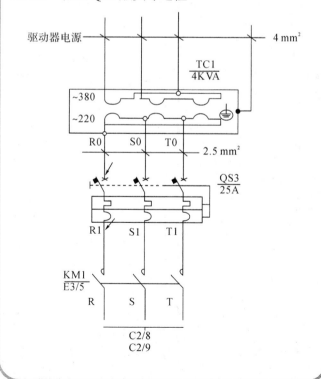

(5) 检查 QS3 空气开关触点闭合情况。

2.2.19　检查 QS3 触头导通性

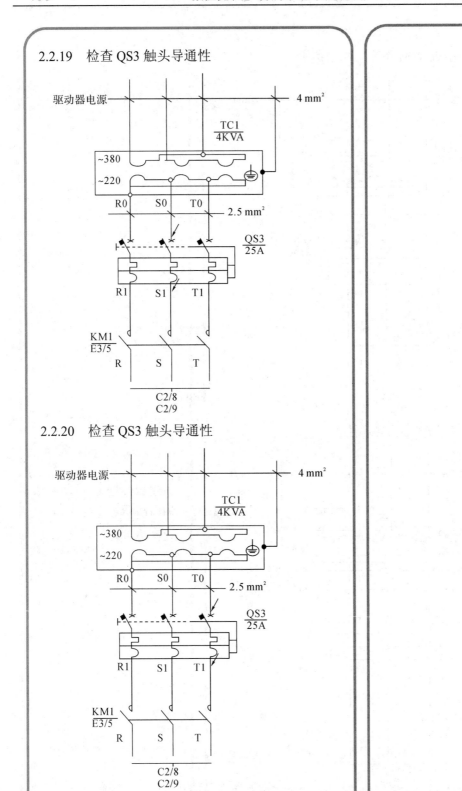

2.2.20　检查 QS3 触头导通性

2.2.21　检查 QS3 输入端端子接线

2.2.22　检查 QS3 输入端端子接线

(6) 若 QS3 触点闭合无问题，则检查接线端子接线情况。

2.2.23　检查 QS3 输入端端子接线

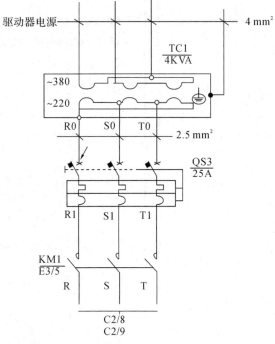

2.2.24　检查 QS3 输出端端子接线

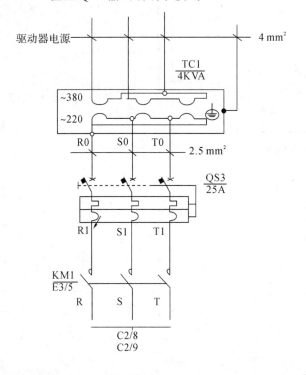

2.2.25　检查 QS3 输出端端子接线

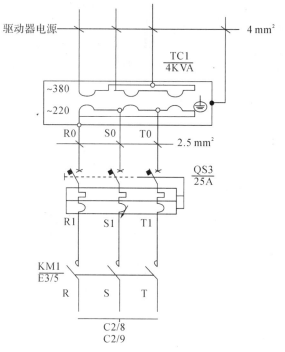

2.2.26　检查 QS3 输出端端子接线

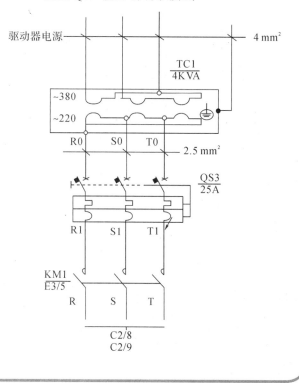

2.2.27　检查 QS3 输出端导线

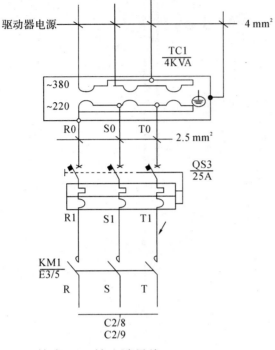

2.2.28　检查 QS3 输出端导线

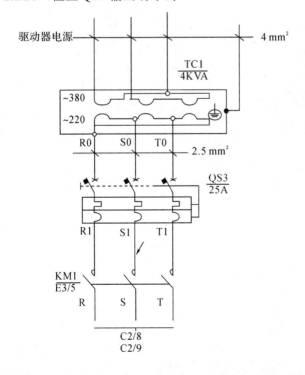

(7) 检查 QS3 与 KM1 以及伺服变压器之间的导线有无断线。

2.2.29　检查 QS3 输出端导线

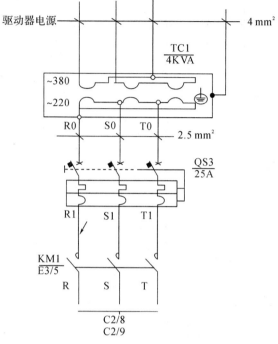

2.2.30　检查 QS3 输入端导线

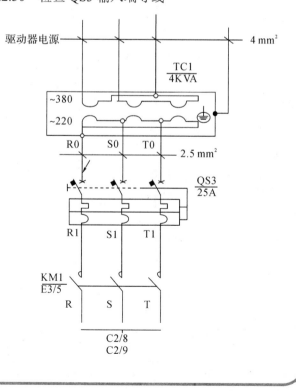

2.2.31　检查 QS3 输入端导线

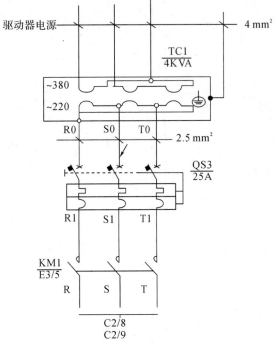

2.2.32　检查 QS3 输入端导线

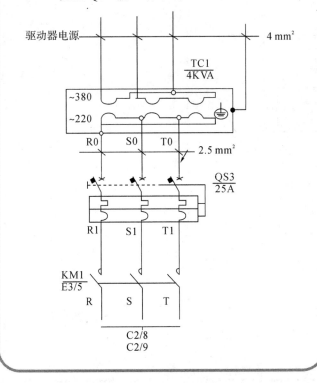

2.2.33　检查驱动变压器输入端子接线

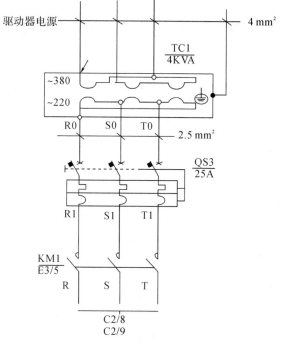

(8) 检查伺服变压器输入和输出端接线端子是否正常。

2.2.34　检查驱动变压器输入端子接线

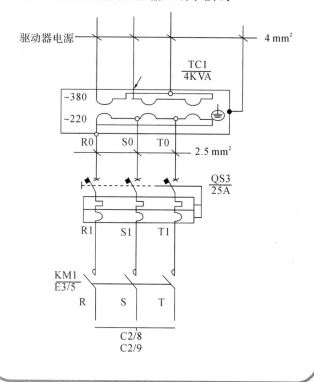

2.2.35　检查驱动变压器输入端子接线

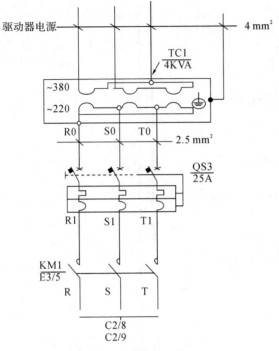

2.2.36　检查驱动变压器输出端子接线

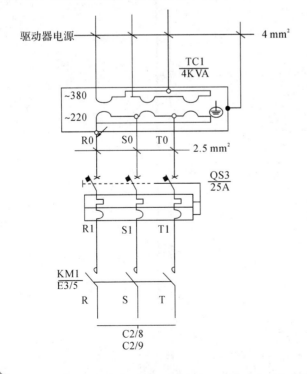

2.2.37　检查驱动变压器输出端子接线

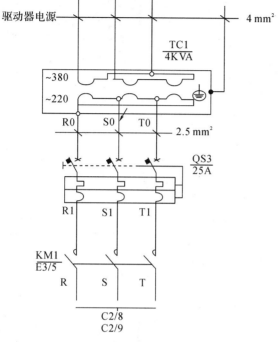

2.2.38　检查驱动变压器输出端子接线

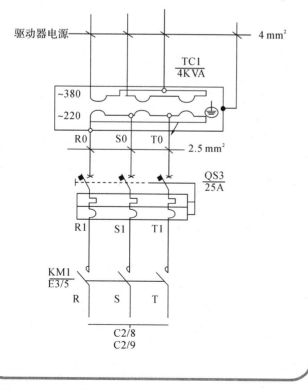

2.2.39 检查驱动变压器输入电压

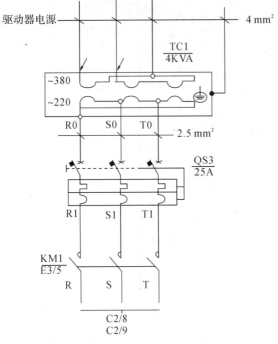

2.2.40 检查驱动变压器输入电压

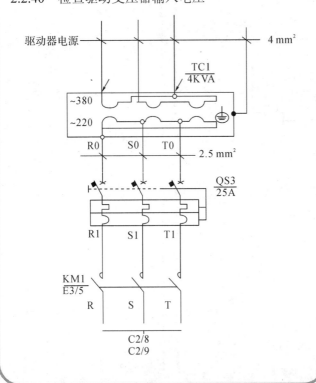

(9) 检查伺服变压器输入和输出电压是否正常。

2.2.41 检查驱动变压器输入电压

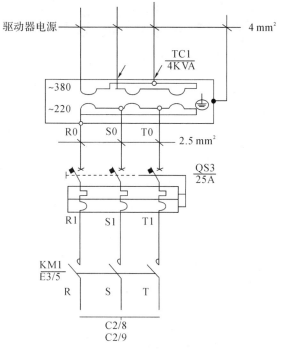

2.2.42 检查驱动变压器输出电压

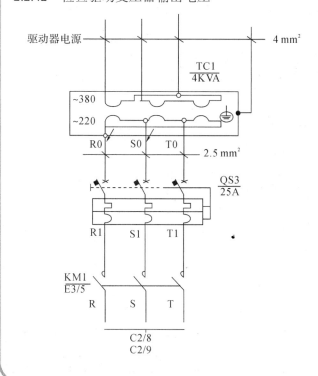

2.2.43　检查驱动变压器输出电压

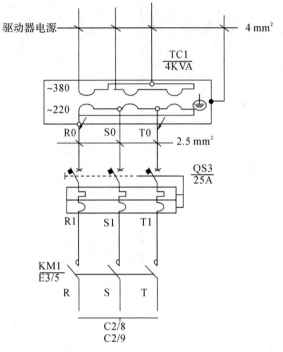

2.2.44　检查驱动变压器输出电压

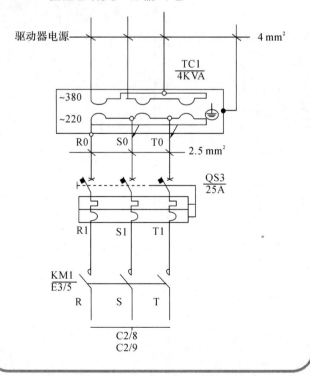

2.2.45 检查 KA0 触头

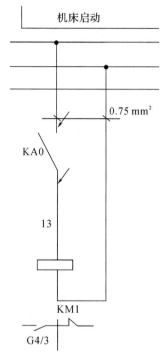

(10) 若 KM1 主触点未闭合，则检查该接触器线圈电路中 KA0 是否闭合。

2.2.46 检查 KA0 触头输入端接线

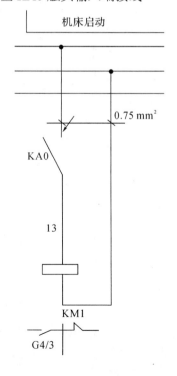

(11) 若 KA0 闭合则检查其接线端子和相关导线。

2.2.47　检查 KA0 触头输出端接线

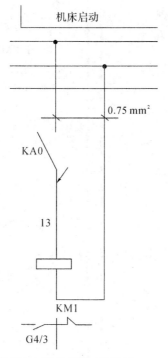

2.2.48　检查 KA0 触头输入端导线

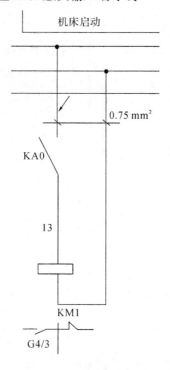

2.2.49　检查 KA0 触头输出端导线

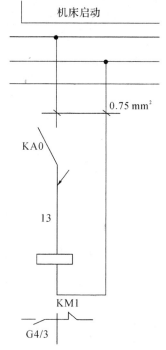

2.2.50　检查 KM1 线圈输入端接线

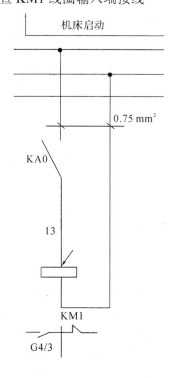

(12) 检查 KM1 线圈以及其接线情况。

2.2.51　检查 KM1 线圈输出端接线

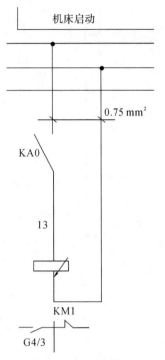

2.2.52　检查 KM1 线圈输出端接线

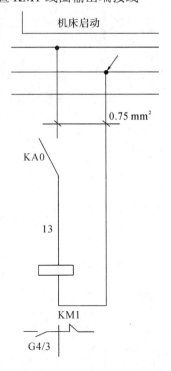

2.2.53　检查 KM1 线圈

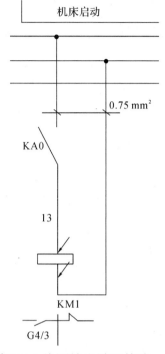

机床启动

2.2.54　检查 KA0 线圈输出端子接线

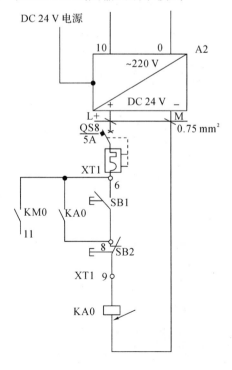

(13) 若 KA0 未闭合，则检查其线圈接线端子接线是否正常。

2.2.55 检查 KA0 线圈输入端子接线

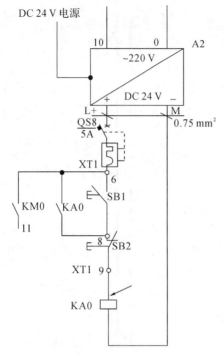

2.2.56 检查 M 端接线

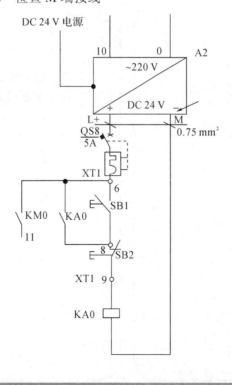

2.2.57 检查 XT1 接线

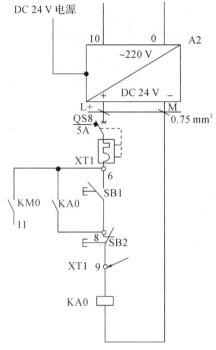

2.2.58 检查 KA0 线圈

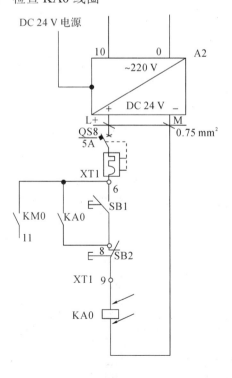

(14) 检查 KA0 线圈是否正常。

2.2.59　检查 SB2 按钮

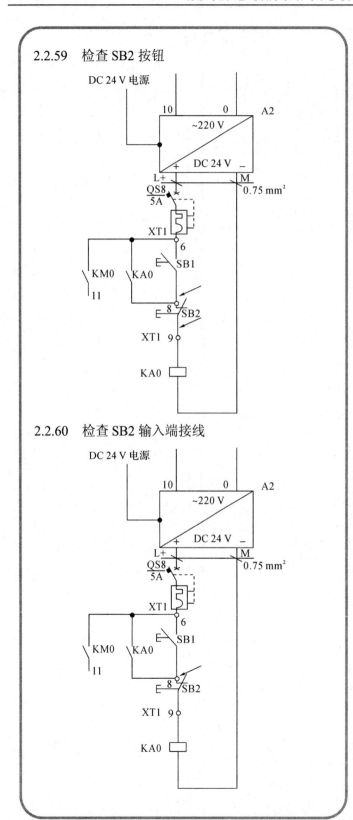

2.2.60　检查 SB2 输入端接线

（15）检查 SB2 按钮及其接线是否正常。

2.2.61　检查 SB2 输出端接线

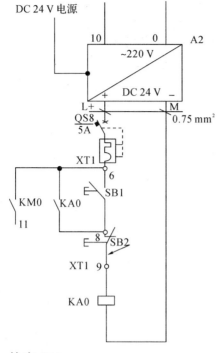

2.2.62　检查 SB1

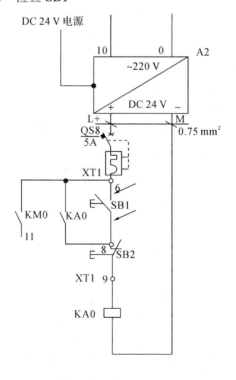

(16) 检查 SB1 按钮及其接线是否正常。

2.2.63　检查 SB1 输入端导线

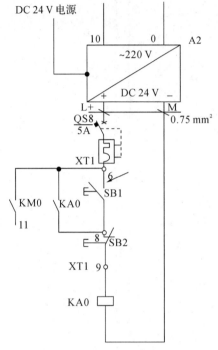

2.2.64　检查 SB1 输出端导线

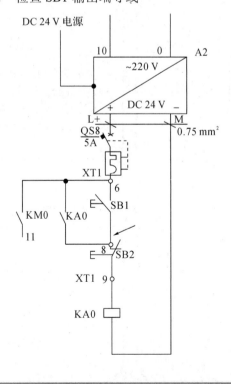

2.2.65　检查 QS8

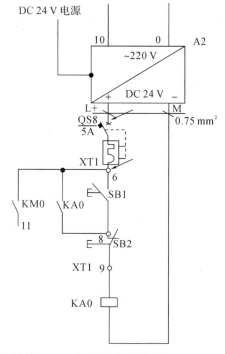

2.2.66　检查 24 V 电源输出端电压

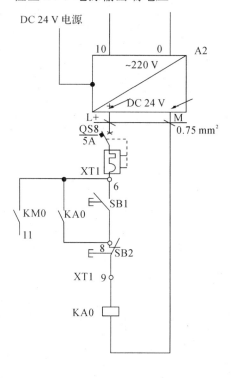

(17) 检查 QS8 及其相关导线是否正常。

(18) 检查 DC 24 V 输出电压是否正常。

2.2.67　检查 24 V 电源输入端电压

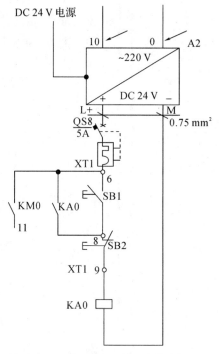

2.2.68　检查 24 V 电源输入端 10 接线

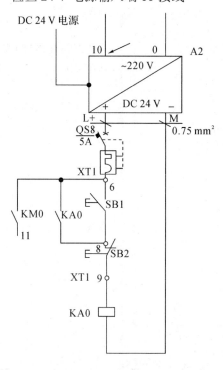

(19) 检查开关电源输入电压及其接线是否正常。

2.2.69 检查 24 V 电源输入端 0 接线

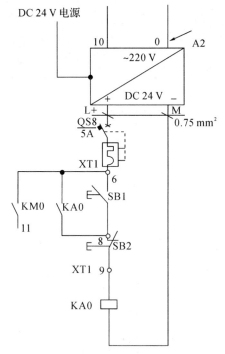

2.2.70 检查 24 V 电源输出端+接线

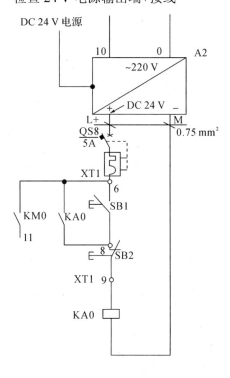

【任务评价】

任务评价表

项目＿＿＿＿＿＿＿＿＿＿＿　　任务＿＿＿＿＿＿＿＿＿＿＿

姓名＿＿＿＿＿＿＿＿＿＿＿　　班级＿＿＿＿＿＿＿＿＿＿＿

评价项目	评 价 标 准	配分	个人自评	小组评价	教师评价
知识储备	资料收集、整理、自主学习	5			
任务实施	工具、配件等使用和摆放符合要求	5			
	严格按要求检修故障	20			
	正确排除故障	35			
	服从管理，遵守校规、校纪和安全操作规程	5			
任务思考	能实现知识的融汇	5			
	能提出创新方案	5			
	认真思考，考虑问题全面	5			
学习态度	主动学习	5			
	团队意识强	5			
	学习认真	5			
总　　计		100			
综合评定 (个人30%，小组30%，教师40%)					
任务评语			年　　月　　日		

 【任务思考】

(1) 在该任务故障排除过程中要注意哪些特殊地方？

(2) 此电路有没有与其他电路的公用电路？

任务六　伺服电机及供电线路故障诊断与维修

【任务描述】

伺服电机是指在伺服系统中控制机械元件运转的发动机。它是数控机床的动力核心，直接影响机床的工作状态，其电力线路比较简单，和普通电机区别不大。本次任务让学生掌握如何判断电机线路的好坏以及电机好坏的方法和过程。

【任务目标】

(1) 掌握伺服电机的供电线路结构。

(2) 掌握伺服电机供电回路检查方法。

【知识储备】

伺服电机可以非常精确地控制速度和位置，可以将电压信号转化为转矩和转速以驱动控制对象。伺服电机转子转速受输入信号控制，并能快速反应，在自动控制系统中，用作执行元件，且具有机电时间常数小、线性度高、始动电压低等特性，可把所收到的电信号转换成电动机轴上的角位移或角速度输出。伺服电机分为直流和交流两大类，其主要特点是，当信号电压为零时无自转现象，转速随着转矩的增加而匀速下降。

伺服电机的调试方法如下。

1. 初始化参数

在接线之前，先初始化参数。

在控制卡上：选好控制方式；将 PID 参数清零；让控制卡上电时默认为使能信号关闭；将此状态保存，确保控制卡再次上电时即为此状态。

在伺服电机上：设置控制方式；设置使能由外部控制；设置编码器信号输出的齿轮比；设置控制信号与电机转速的比例关系。一般来说，建议使伺服工作中的最大设计转速对应 9 V 的控制电压。

2. 接线

将控制卡断电，连接控制卡与伺服之间的信号线。这些线是必须要接的：控制卡的模拟量输出线、使能信号线、伺服输出的编码器信号线。复查接线没有错误后，电机和控制卡(以及 PC)上电。此时电机应该不动，而且可以用外力轻松转动，如果不是这样，检查使能信号的设置与接线。用外力转动电机，检查控制卡是否可以正确检测到电机位置的变化，否则检查编码器信号的接线和设置。

3. 试方向

对于一个闭环控制系统，如果反馈信号的方向不正确，后果肯定是灾难性的。通过控制卡打开伺服的使能信号，这时伺服应该以一个较低的速度转动，这就是传说中的"零漂"。

一般控制卡上都会有抑制零漂的指令或参数，使用这个指令或参数，看电机的转速和方向是否可以通过这个指令(参数)控制，如果不能控制，检查模拟量接线及控制方式的参数设置。确认给出正数，则电机正转，编码器计数增加；给出负数，则电机反转，编码器计数减小。如果方向不一致，可以修改控制卡或电机上的参数，使其一致。

4. 抑制零漂

在闭环控制过程中，零漂的存在会对控制效果有一定的影响，最好将其抑制住。使用控制卡或伺服上抑制零漂的参数，仔细调整，使电机的转速趋近于零。由于零漂本身也有一定的随机性，所以不必要求电机转速绝对为零。

5. 建立闭环控制

通过控制卡将伺服使能信号放开，在控制卡上输入一个较小的比例增益，若无法确认该值，则可输入控制卡所允许的最小值。将控制卡和伺服的使能信号打开，这时，电机即可按照运动指令做出动作。

6. 调整闭环参数

细调控制参数，确保电机按照控制卡的指令运动。

 【任务实施】

1. 思维导图

本任务的思维导图如图 4-6-1 所示。

图 4-6-1　伺服电机及供电线路故障检测思维导图

2. 排查过程

本任务的故障排查过程如下所示：

2.1　检查导线
2.1.1　检查伺服侧 B1 接线

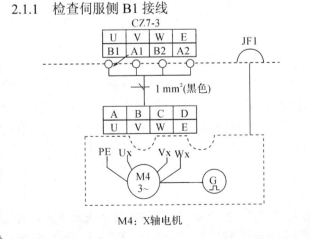

2.1　检查导线

(1) 检查电机和放大器各接线端子是否安装可靠。

2.1.2　检查伺服侧 A1 接线

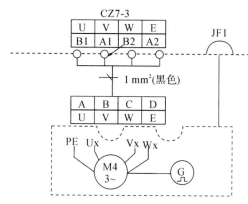

M4：X轴电机

2.1.3　检查伺服侧 B2 接线

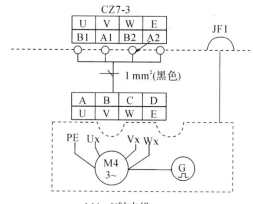

M4：X轴电机

2.1.4　检查伺服侧 A2 接线

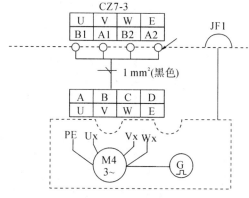

M4：X轴电机

2.1.5　检查电机侧 A 接线

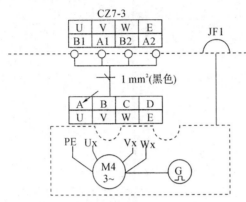

M4：X轴电机

2.1.6　检查电机侧 B 接线

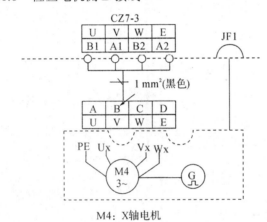

M4：X轴电机

2.1.7　检查电机侧 C 接线

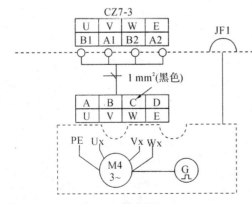

M4：X轴电机

2.1.8　检查电机侧 D 接线

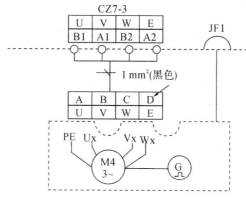

M4：X轴电机

2.1.9　检查 U 相导线

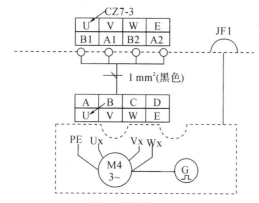

M4：X轴电机

2.1.10　检查 V 相导线

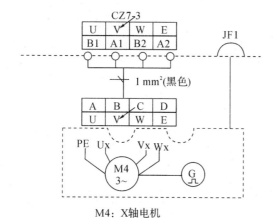

M4：X轴电机

(2) 检查导线导通情况

2.1.11　检查 W 相导线

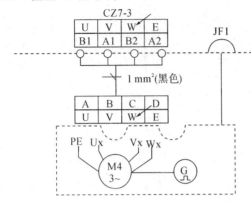

M4：X轴电机

2.1.12　检查 PE 导线

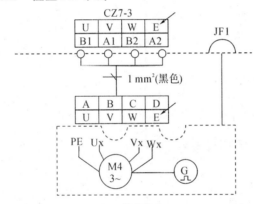

M4：X轴电机

2.2　检查伺服电机

2.2.1　检查电机绕组

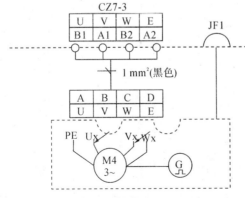

M4：X轴电机

2.2　检查伺服电机

　　用兆欧表检查各相之间以及各相与地之间的绝缘不小于 0.5 MΩ。

2.2.2 检查电机绕组

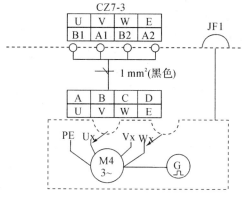

M4：X轴电机

2.2.3 检查电机绕组

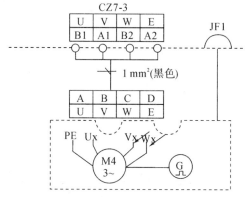

M4：X轴电机

2.2.4 检查电机绝缘性

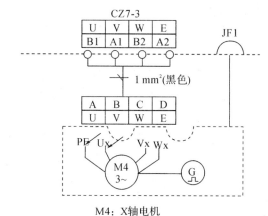

M4：X轴电机

2.2.5 检查电机绝缘性

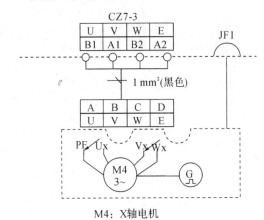

M4：X轴电机

2.2.6 检查电机绝缘性

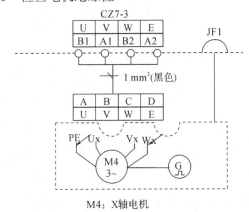

M4：X轴电机

【任务评价】

任务评价表

项目_____ 　任务_____

姓名_____ 　班级_____

评价项目	评 价 标 准	配分	个人自评	小组评价	教师评价
知识储备	资料收集、整理、自主学习	5			
任务实施	工具、配件等使用和摆放符合要求	5			
	严格按要求检修故障	20			
	正确排除故障	35			
	服从管理，遵守校规、校纪和安全操作规程	5			

续表

评价项目	评 价 标 准	配分	个人自评	小组评价	教师评价
任务思考	能实现知识的融汇	5			
	能提出创新方案	5			
	认真思考，考虑问题全面	5			
学习态度	主动学习	5			
	团队意识强	5			
	学习认真	5			
总　　计		100			
综合评定 (个人30%，小组30%，教师40%)					
任务评语	年　　　　月　　　　日				

【任务思考】

(1) 兆欧表使用注意事项有哪些？

(2) 伺服电机有没有其他判断方法？

项目五　数控车床刀架电路故障诊断与维修

005_项目五_512px.png

任务一　数控车床刀架电路概述

【任务描述】

数控车床刀架是数控车床最普遍的一种辅助装置，它可使数控车床在工件一次装夹中完成多种甚至所有的加工工序，以缩短加工的辅助时间，减少加工过程中由于多次安装工件而引起的误差，从而提高机床的加工效率和加工精度。本项目中以四工位刀架为例进行故障排查和诊断。

【任务目标】

(1) 掌握四工位刀架电气组成结构。
(2) 掌握四工位刀架常见故障点。

【知识储备】

回转刀架在结构上应具有良好的强度和刚性，以承受粗加工时的切削抗力。由于车削加工精度在很大程度上取决于刀尖位置，对于数控车床来说，加工过程中刀尖位置不进行人工调整，因此更有必要选择可靠的定位方案和合理的定位结构，以保证回转刀架在每一次转位之后，具有尽可能高的重复定位精度。

数控车床回转刀架动作的要求是：刀架抬起、刀架转位、刀架定位和夹紧刀架。其工作过程如下：

(1) 刀架抬起。当数控系统发出换刀指令后，电动机启动正转，通过平键套筒联轴器使蜗杆轴转动，从而带动蜗轮转动。当蜗轮开始转动时，由于刀架底座和刀架体上的端面齿处在啮合状态，且蜗轮丝杠轴向固定，这时刀架体抬起。

(2) 刀架转位。当刀架体抬至一定距离后，端面齿脱开，转位套用销钉与蜗轮丝杆连接，随蜗轮丝杆一同转动。当端面齿完全脱开时，转位套正好转过 160°，球头销在弹簧力的作用下进入转位套的槽中，带动刀架体转位。

(3) 刀架定位。刀架体转动时带着电刷座转动，当转到程序指定的刀号时粗定位销在弹簧的作用下进入粗定位盘的槽中进行粗定位，同时电刷接触导体使电动机反转。由于粗定位槽的限制，刀架体不能转动，使其在该位置垂直落下，刀架体和刀架底座上的断面齿啮合实现精确定位。

(4) 夹紧刀架。刀架电动机继续反转，此时蜗轮停止转动，蜗杆轴自身转动，两端面齿增加到一定夹紧力时，电动机停止转动。

【任务实施】

1. 电气原理图

数控车床刀架电路电气原理图是数控车床刀架电气故障诊断与维修的基础，在进行数控车床刀架回路故障诊断与排除之前必须要掌握电气原理图，才能为正确判断和排除相关故障点提供保障。数控车床典型刀架电气原理图如图 5-1-1 至图 5-1-5 所示。

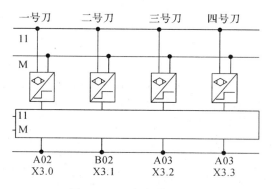

图 5-1-1　刀架发信盘电路

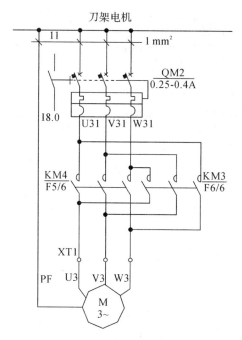

图 5-1-2　刀架电机主电路

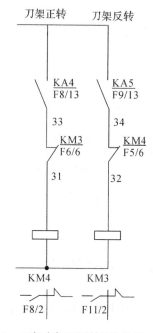

图 5-1-3　刀架电机正反转控制电路

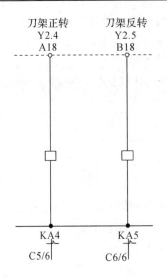

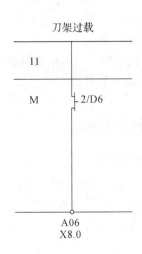

图 5-1-4　PLC 控制刀架电机正反转电路图　　　图 5-1-5　刀架电机过载报警电路

2. 思维导图

在掌握数控车床刀架电气原理的基础上，根据故障现象以及数控车床刀架控制回路组成构建数控车床刀架电路故障思维导图，为判断和排除数控车床刀架电路故障做好规划。数控车床刀架电路故障检测思维导图如图 5-1-6 所示。

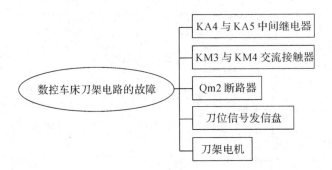

图 5-1-6　数控车床刀架电路故障检测思维导图

 【任务评价】

(1) 写出刀架电机控制原理。

(2) 写出刀架过载报警控制过程。

【任务思考】

刀架电机能不能取消电气联锁？

任务二　刀架正反转中间继电器电路故障诊断与维修

【任务描述】

刀架正反转中间继电器是连接刀架与 PLC 程序控制的桥梁，通过这两个中间继电器可实现对电机强电的控制，符合弱电控制强电的原理。本次任务目的是让学生掌握刀架正反转中间继电器相关的故障诊断与维修过程。

【任务目标】

(1) 掌握刀架正反转中间继电器电路故障排查方法。

(2) 掌握排除故障时的注意事项。

【知识储备】

继电器故障的判断方法如下：

(1) 测触点电阻。

用万用表的电阻挡测量常闭触点与动点电阻，其阻值应为 0；而常开触点与动点的阻值为无穷大。由此可以区别出哪个是常闭触点，哪个是常开触点。

(2) 测线圈电阻。

可用万用表 R×10 Ω 挡测量继电器线圈的阻值，从而判断该线圈是否存在着开路现象。电磁式继电器线圈的阻值一般为 25 Ω～2 kΩ。额定电压低的电磁继电器线圈的阻值较低，额定电压高的电磁继电器线圈的阻值较高。可用万用表 R×10 Ω 挡测量继电器线圈的阻值，从而判断该线圈是否存在开路现象。若测得其阻值为无穷大，则线圈已断路损坏；若测得其阻值低于正常值很多，则线圈内部有短路故障。如果线圈有局部短路，用此方法则不易被发现。

(3) 测量吸合电压和吸合电流。

使用可调稳压电源和电流表，给继电器输入一组电压，且在供电回路中串入电流表进行监测。逐渐调高电源电压，听到继电器吸合声时，记下该吸合电压和吸合电流。为了准确性，可以多试几次求平均值。

(4) 测量释放电压和释放电流。

像(3)中所述那样连接测试，当继电器发生吸合后，再逐渐降低供电电压，当听到继电器再次发出释放声音时，记下此时的电压和电流，可多尝试几次取得平均的释放电压和释放电流。一般情况下，继电器的释放电压约在吸合电压的 10%～50%，如果释放电压太小(小于 1/10 的吸合电压)，则不能正常使用，这样会对电路的稳定性造成威胁。

【任务实施】

1. 思维导图

本任务的思维导图如图 5-2-1 所示。

图 5-2-1　刀架正反转中间继电器电路故障检测思维导图

2. 排查过程

本任务的故障排查过程如下所示：

2.1　检查 KA4 与 KA5 中间继电器接线

2.1.1　检查 Y2.4 接线

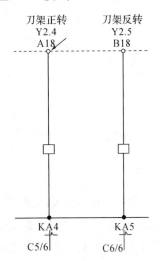

2.1.2　检查 KA4 输入端接线

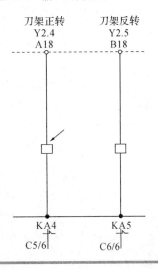

2.1　检查 KA4 与 KA5 中间继电器接线

(1) 检查各接线端子的接线是否良好。

2.1.3　检查 KA4 输出端接线

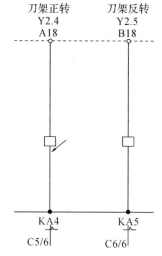

2.1.4　检查 KA4 输出端导线与公共端接线

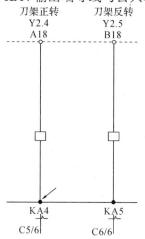

2.1.5　检查 Y2.5 接线

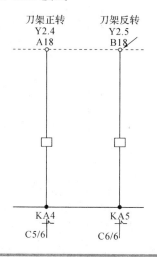

2.1.6　检查 KA5 输入端接线

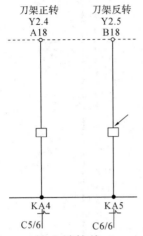

2.1.7　检查 KA5 输出端接线

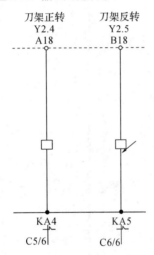

2.1.8　检查 KA5 输出端导线与公共端接线

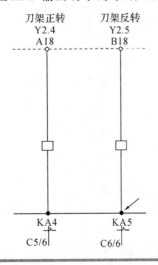

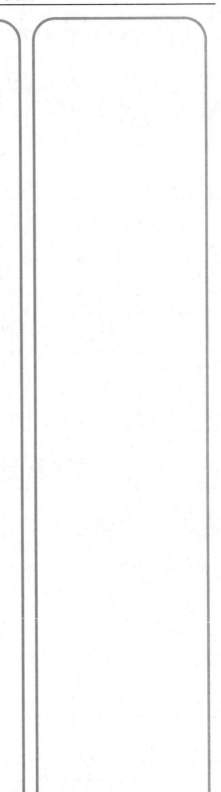

2.1.9　检查 KA4 输入端导线

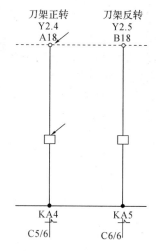

2.1.10　检查 KA4 输出端导线

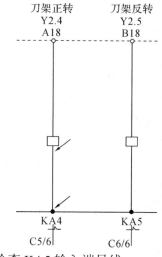

2.1.11　检查 KA5 输入端导线

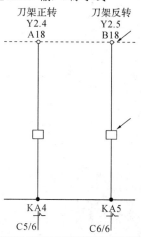

(2) 检查导线有无断线。

2.1.12　检查 KA5 输出端导线

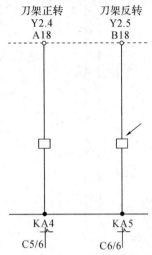

2.2　检查 KA4 与 KA5 中间继电器线圈和触点

2.2.1　检查 KA5 电压

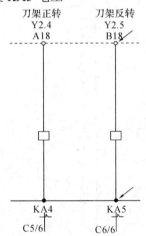

2.2.2　检查 KA4 电压

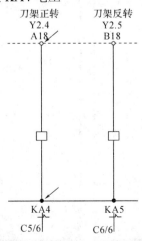

2.2　检查 KA4 与 KA5 中间继电器线圈和触点

(1) 检查 24 V 电源是否正常。

2.2.3　检查 KA4 线圈

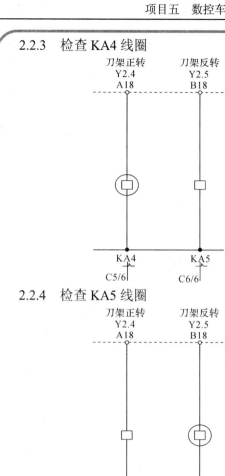

2.2.4　检查 KA5 线圈

2.2.5　检查 KA4 触点

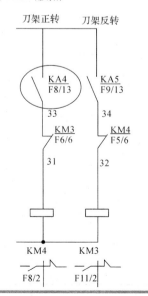

(2) 检查线圈是否正常。

(3) 检查中间继电器触点的接触是否正常。

2.2.6 检查 KA5 触点

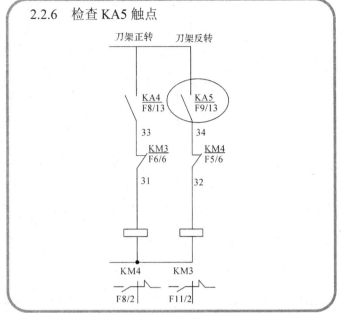

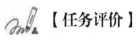 【任务评价】

任务评价表

项目＿＿＿＿＿＿＿＿＿＿＿＿＿　　任务＿＿＿＿＿＿＿＿＿＿＿＿＿

姓名＿＿＿＿＿＿＿＿＿＿＿＿＿　　班级＿＿＿＿＿＿＿＿＿＿＿＿＿

评价项目	评 价 标 准	配分	个人自评	小组评价	教师评价
知识储备	资料收集、整理、自主学习	5			
任务实施	工具、配件等使用和摆放符合要求	5			
	严格按要求检修故障	20			
	正确排除故障	35			
	服从管理，遵守校规、校纪和安全操作规程	5			
任务思考	能实现知识的融汇	5			
	能提出创新方案	5			
	认真思考，考虑问题全面	5			
学习态度	主动学习	5			
	团队意识强	5			
	学习认真	5			
总　计		100			
综合评定（个人30%，小组30%，教师40%）					
任务评语					
			年　　　月　　　日		

【任务思考】

(1) 怎么判断中间继电器触点的接触情况？

(2) 中间继电器控制的对象是谁？

任务三　刀架正反转交流接触电路故障诊断与维修

【任务描述】

刀架正反转交流接触器是直接控制刀架电机正反转的控制元件，通过这两个交流接触器改变刀架电机的通电顺序实现刀架电机正反转控制，从而实现刀架的抬起、旋转刀台、反向锁紧等一系列动作。本次任务的目的就是让学生掌握刀架正反转交流接触器电路故障的排除方法。

【任务目标】

(1) 掌握刀架正反转交流接触器电路结构原理。

(2) 掌握刀架正反转交流接触器电路故障排除方法。

【知识储备】

交流接触器故障的判断方法如下：

1. 看

(1) 看交流接触器是否工作。

(2) 观察其外观有无破损，有则进行更换。

2. 听

(1) 听交流接触器是否有很大的"吱"的声响，如有则可能为：

① 电源电压低；

② 接触点上有脏物质或者是动静铁芯接触面上有脏物质。

(2) 假如听到有"咔咔"这样接触不上的声音，则大部分为以下这两种情况：

① 电源电压低；

② 接触顺吸力不够。

3. 闻

闻交流接触器有没有烧焦的味道，如果有焦味则需查绕组和触点。

4. 量

先将电源断开，将触点控制的另一端的线取下，用万用表殴姆挡测量，然后按下试验端头的三个主触点和另一组的常开触点，都应是导通的，而常闭触点不应导通。放下试验端头,此时主触点及常开触点都不应导通,而常闭触点应导通。线圈绕组值为 $200\,\Omega$ 左右。测量前应先把一端的线去掉再测量。

5. 短接

若是开机上电,接触器吸合后,但是电机不转,可以在断电情况下用导线连接同一组的上下触点把接触器触点短接掉,完成之后电机上电,电机正常工作了,则证明接触器触点已损坏。

注:在使用此方法时应注意安全。

6. 万用表检查接触器好坏

(1) 用万用表欧姆挡来测量线圈,确认线圈是否短路,如果短路则证明线圈坏了。

(2) 用万用表欧姆挡来测量常闭辅助触点通不通。

(3) 用手按主触头确认接触器机构卡不卡。

(4) 直接给接触器线圈通电确认接触器吸不吸合。

(5) 接触器吸合后用万用表检查常开辅助触点通不通。

 【任务实施】

1. 思维导图

本任务的思维导图如图 5-3-1 所示。

图 5-3-1　刀架正反转交流接触电路故障检测思维导图

2. 排查过程

本任务的故障排查过程如下所示:

2.1　检查 KM3 和 KM4 交流接触器接线

2.1.1　检查 KM4 线圈输入端接线

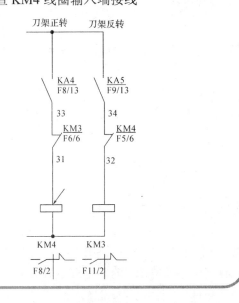

2.1　检查 KM3 和 KM4 交流接触器接线

(1) 检查两个线圈接线端子的接线是否正常。

2.1.2 检查 KM4 线圈输出端接线

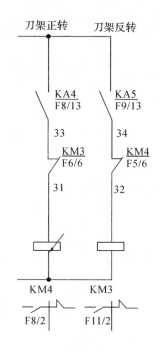

2.1.3 检查 KM4 线圈输出端导线与公共端接线

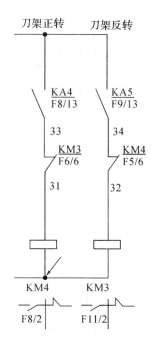

2.1.4 检查 KM3 线圈输入端接线

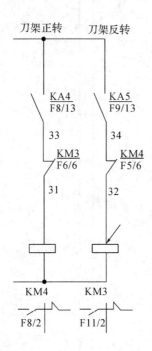

2.1.5 检查 KM3 线圈输出端接线

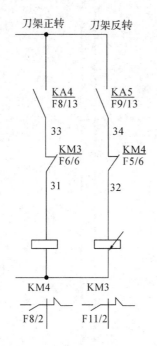

2.1.6　检查 KM3 线圈输出端导线与公共端接线

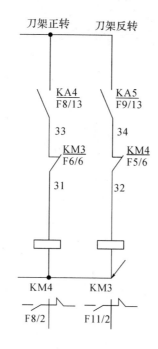

2.1.7　检查 KM4 线圈输入端导线

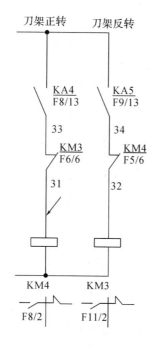

(2) 检查线圈连接导线是否正常。

2.1.8 检查 KM4 线圈输出端导线

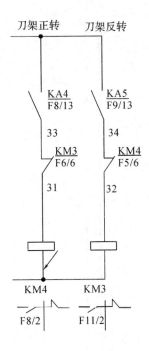

2.1.9 检查 KM3 线圈输入端导线

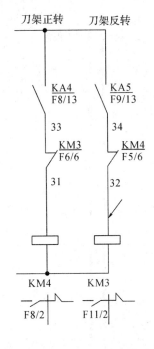

2.1.10 检查 KM3 线圈输出端导线

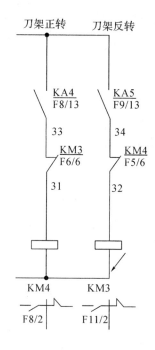

2.1.11 检查 KM3 辅助触点输出端接线

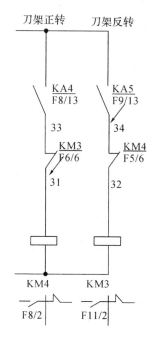

(3) 检查联锁触点接线端子的接线是否正常。

2.1.12　检查 KM3 辅助触点输入端接线

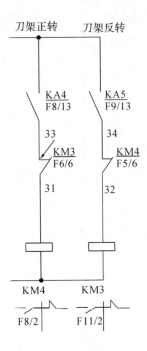

2.1.13　检查 KM4 辅助触点输出端接线

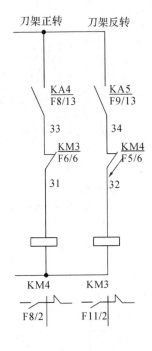

2.1.14　检查 KM4 辅助触点输入端接线

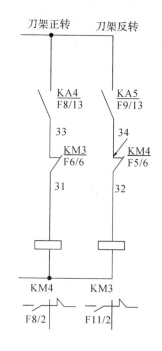

2.1.15　检查 KM3 辅助触点输入端导线

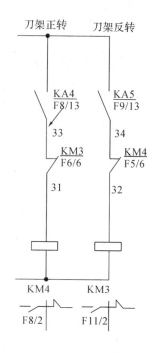

(4) 检查联锁触头连接导线是否正常。

2.1.16 检查 KM4 辅助触点输入端导线

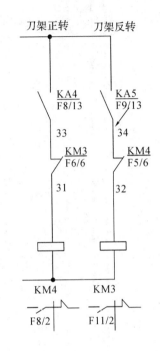

2.1.17 检查 KM3 辅助触点

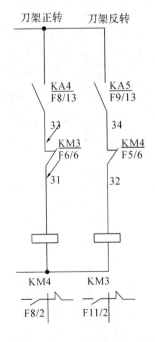

(5) 检查联锁触头接触是否正常。

2.1.18　检查 KM4 辅助触点

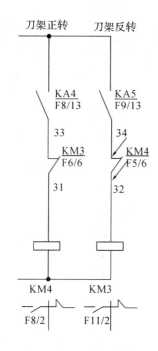

2.2　检查 KM3 与 KM4 交流接触器线圈和触点

2.2.1　检查 KM4 线圈

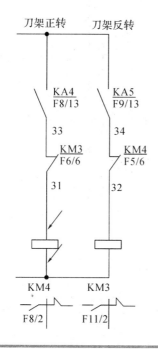

2.2　检查 KM3 与 KM4 交流
接触器线圈和触点

(1) 检查线圈是否正常。

2.2.2　检查 KM3 线圈

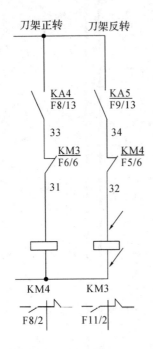

2.2.3　检查 KM4 主触头接线

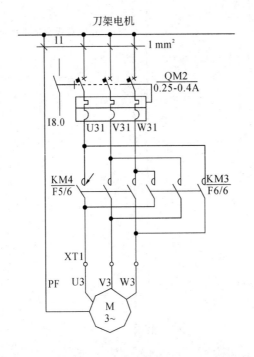

(2) 检查主触点端子接线是否正确。

2.2.4　检查 KM4 主触头接线

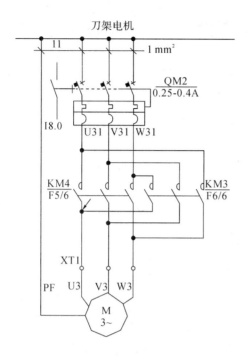

2.2.5　检查 KM4 主触头接线

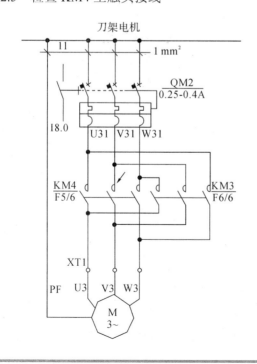

2.2.6　检查 KM4 主触头接线

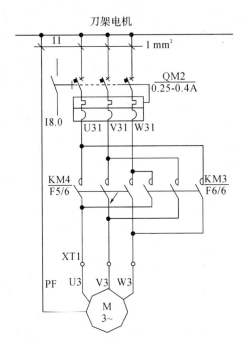

2.2.7　检查 KM4 主触头接线

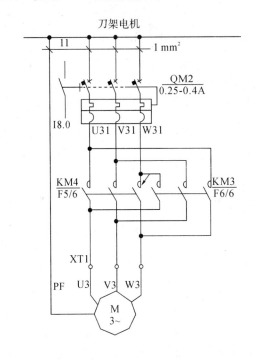

2.2.8　检查 KM4 主触头接线

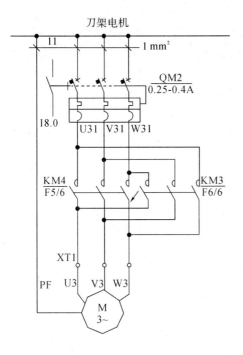

2.2.9　检查 KM3 主触头接线

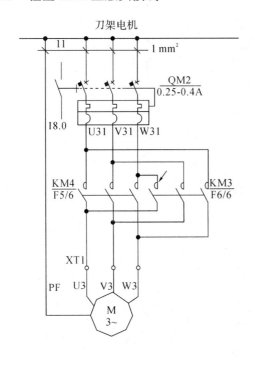

2.2.10　检查 KM3 主触头接线

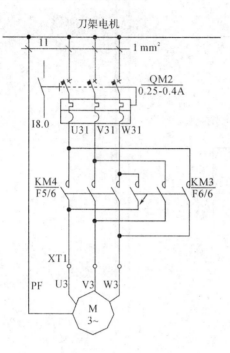

2.2.11　检查 KM3 主触头接线

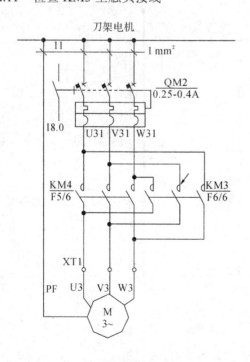

2.2.12　检查 KM3 主触头接线

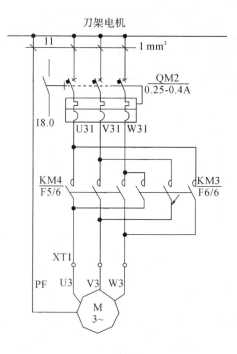

2.2.13　检查 KM3 主触头接线

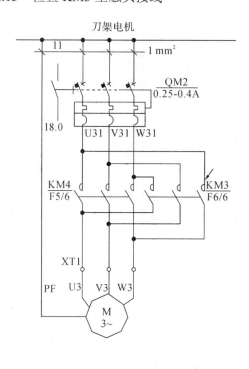

2.2.14 检查 KM3 主触头接线

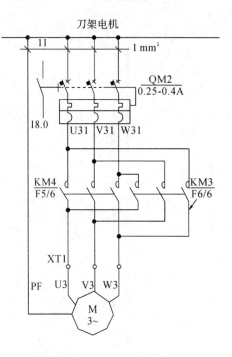

2.2.15 检查 KM4 主触头连接导线

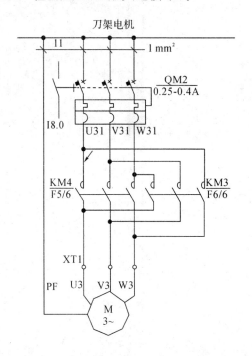

(3) 检查主触点连接导线
有无断线。

2.2.16 检查 KM4 主触头连接导线

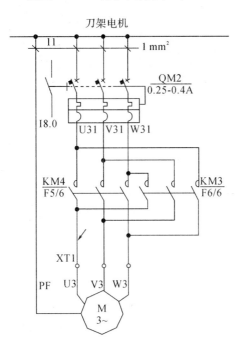

2.2.17 检查 KM4 主触头连接导线

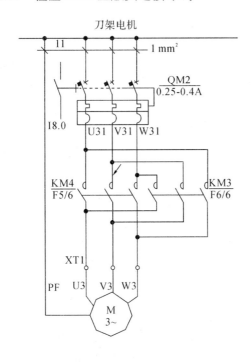

2.2.18　检查 KM4 主触头连接导线

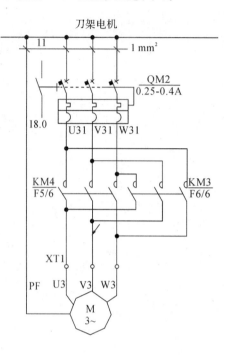

2.2.19　检查 KM4 主触头连接导线

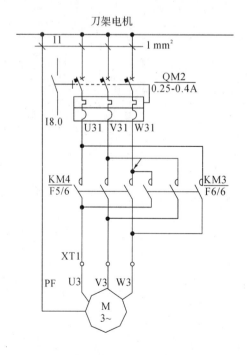

2.2.20　检查 KM4 主触头连接导线

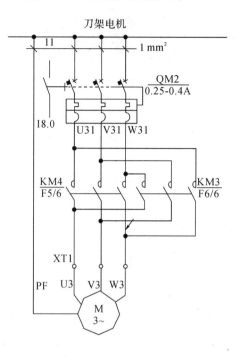

2.2.21　检查 KM3 主触头连接导线

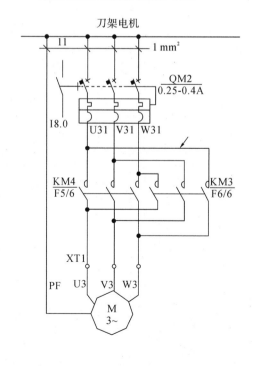

2.2.22　检查 KM3 主触头连接导线

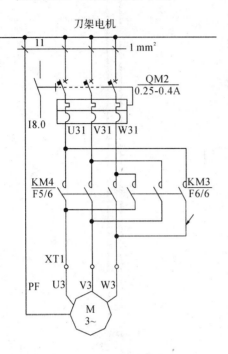

2.2.23　检查 KM3 主触头连接导线

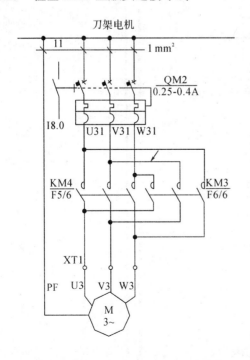

2.2.24　检查 KM3 主触头连接导线

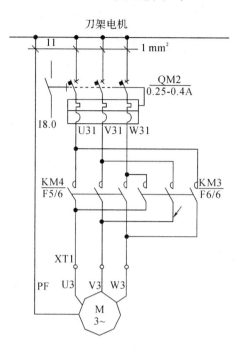

2.2.25　检查 KM3 主触头连接导线

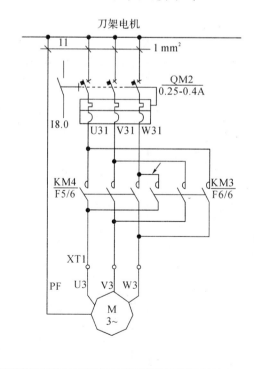

2.2.26　检查 KM3 主触头连接导线

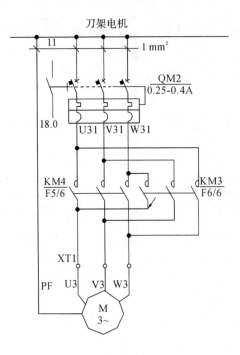

2.2.27　检查 KM3 主触头接法

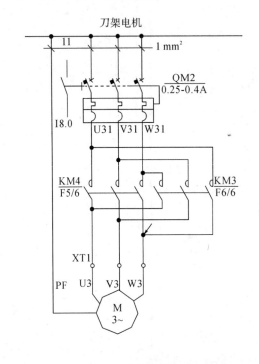

(4) 检查 KM3 主触点接线有没有实现电机供电交换相线达到改变转向的目的。

2.2.28　检查 KM3 主触头接法

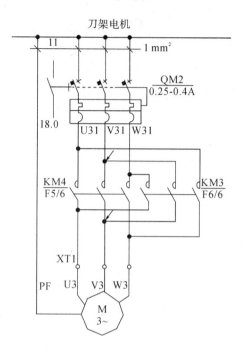

2.2.29　检查 KM3 主触头接法

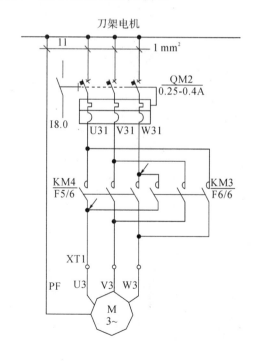

2.2.30　检查KM4主触头

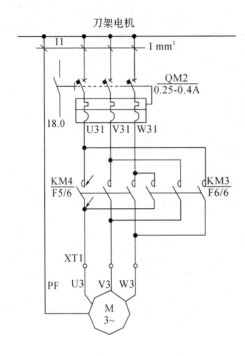

2.2.31　检查KM4主触头

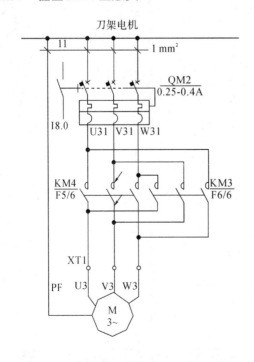

(5) 检查主触点接触情况是否良好。

2.2.32 检查 KM4 主触头

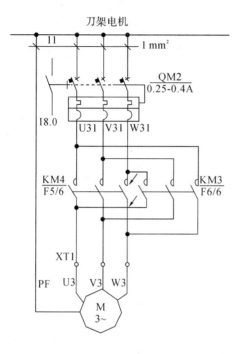

2.2.33 检查 KM3 主触头

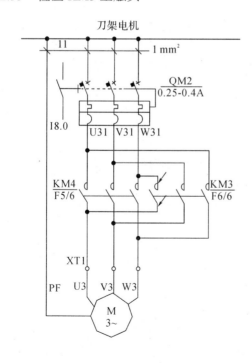

2.2.34 检查 KM3 主触头

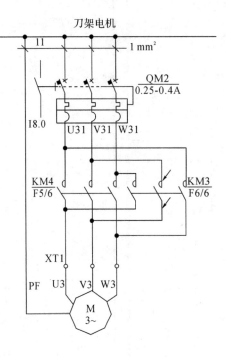

2.2.35 检查 KM3 主触头

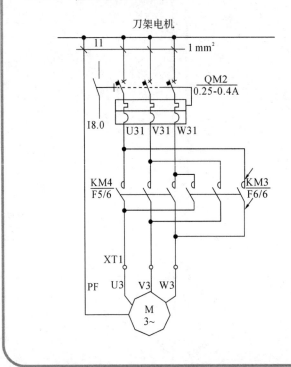

【任务评价】

任务评价表

项目＿＿＿＿＿＿＿＿＿＿＿＿＿＿　　任务＿＿＿＿＿＿＿＿＿＿＿＿＿＿＿

姓名＿＿＿＿＿＿＿＿＿＿＿＿＿＿　　班级＿＿＿＿＿＿＿＿＿＿＿＿＿＿＿

评价项目	评 价 标 准	配分	个人自评	小组评价	教师评价
知识储备	资料收集、整理、自主学习	5			
任务实施	工具、配件等使用和摆放符合要求	5			
	严格按要求检修故障	20			
	正确排除故障	35			
	服从管理，遵守校规、校纪和安全操作规程	5			
任务思考	能实现知识的融汇	5			
	能提出创新方案	5			
	认真思考，考虑问题全面	5			
学习态度	主动学习	5			
	团队意识强	5			
	学习认真	5			
总　　计		100			
综合评定(个人 30%，小组 30%，教师 40%)					
任务评语			年　　　月　　　日		

【任务思考】

(1) 刀架电机正反转控制中联锁的作用是什么？

(2) 刀架电机正反转控制中主触头接线要注意哪些问题？

任务四　QM2 断路器电路故障诊断与维修

【任务描述】

QM2 断路器是对刀架电机进行供电控制并对刀架电机进行过载保护，它是刀架电机的总电源开关，若出故障则会影响整个刀架运转。本次任务让学生掌握 QM2 断路器电路故障的故障排除过程和方法。

【任务目标】

(1) 掌握断路器的控制原理。

(2) 掌握过载保护原理。

【知识储备】

空气断路器是一种只要电路中电流超过额定电流就会自动断开的开关，判断其优劣的方法如下：

(1) 选用万用表。万用表可以看到电压值，通过表计数值判断电压是否过高或过低，而电压的高低却影响着空开和家用电器的正常使用。

(2) 在使用万用表前，先要试验表计的好坏，将万用表打到通断挡，将红、黑表笔接触，如果发出声响，那么万用表是正常的。

(3) 试验完表计后，打到交流 750 V 挡(交流一般为 220 V 或 380 V)，用红、黑表笔量空开的上端，若显示电压正常，则电源端正常。因为上端连线为空开的进线电源端，所以只要电源端没有问题就可以判断电源回路没有问题。

(4) 用红、黑表笔量空开下端，若显示电压正常，则可以判断空开和线路均完好。

(5) 若用红、黑表笔量空开的下端，若显示电压为零或异常，则可以判断空开有问题。

(6) 若用红、黑表笔量空开的上端，若显示电压为零或异常，则可以判断电源进线有问题，可以检查连线是否松动或者上一级空开是否有问题。

【任务实施】

1. 思维导图

本任务的思维导图如图 5-4-1 所示。

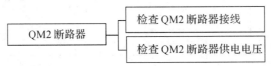

图 5-4-1　QM2 断路器电路故障检测思维导图

2. 排查过程

本任务的故障排查过程如下所示：

2.1　检查断路器接线
2.1.1　检查 QM2 输入端接线

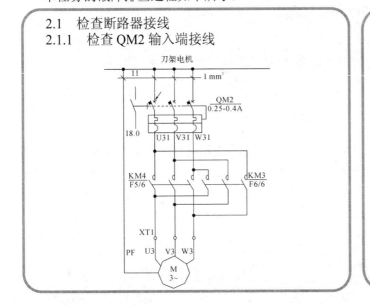

2.1　检查断路器接线

(1) 检查接线端子的接线是否正常。

2.1.2　检查 QM2 输入端接线

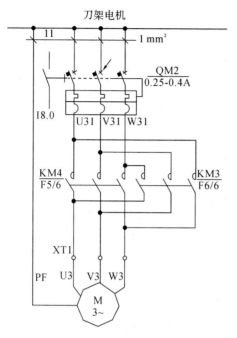

2.1.3　检查 QM2 输入端接线

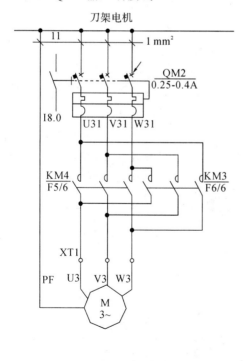

2.1.4　检查 QM2 输出端接线

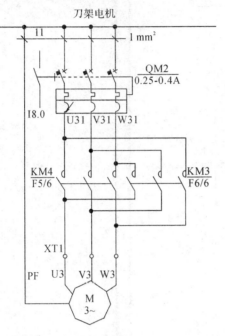

2.1.5　检查 QM2 输出端接线

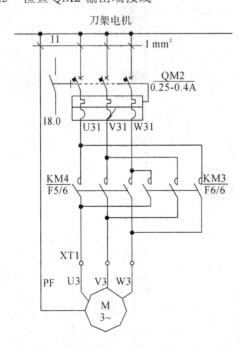

2.1.6 检查 QM2 输出端接线

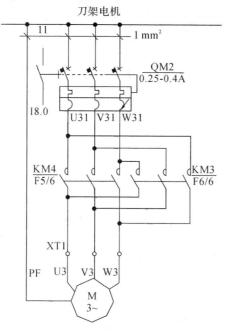

2.1.7 检查 QM2 输入端导线

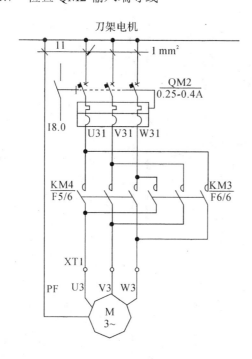

2.1.8 检查 QM2 输入端导线

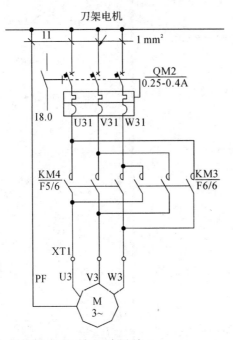

2.1.9 检查 QM2 输入端导线

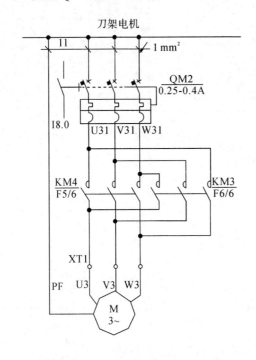

(2) 检查导线是否完好。

2.1.10　检查 QM2 主触头

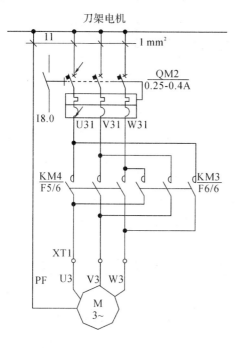

2.1.11　检查 QM2 主触头

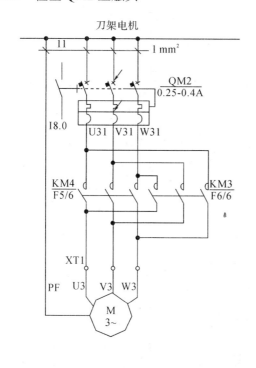

(3) 检查断路器主触头的触点接触是否良好。

2.1.12　检查 QM2 主触头

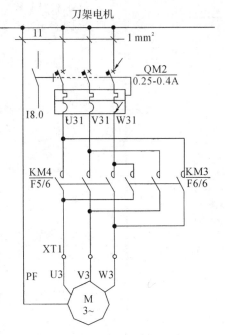

2.1.13　检查 QM2 辅助触头输入端导线

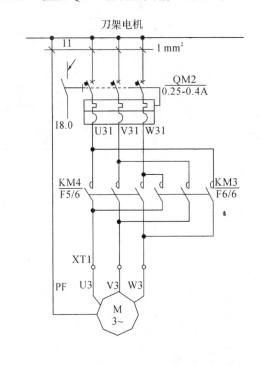

2.1.14　检查 QM2 辅助触头输出端导线

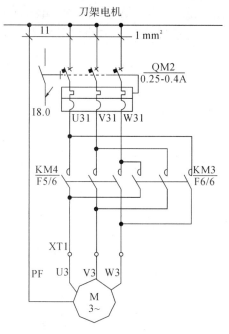

(4) 检查辅助触点接线是否正常。

2.1.15　检查 QM2 辅助触头

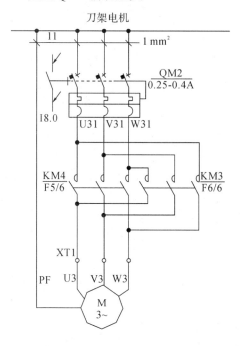

(5) 检查辅助触点闭合时的接触是否良好。

2.1.16　检查 QM2 辅助触头两端电压

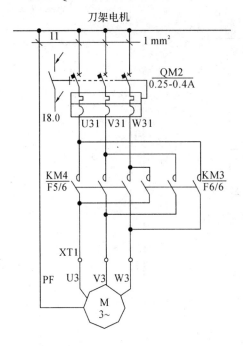

2.2　检查断路器供电电压

2.2.1　检查 QM2 输入电压

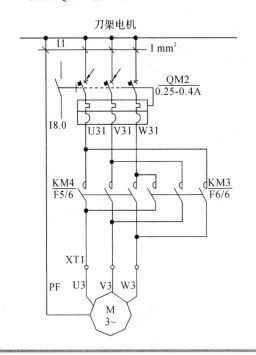

（6）检查图示位置两端 24 V 电压是否正常。

2.2　检查断路器供电电压

（1）检查其供电电压是否为正常工作电压。

（2）判断有无缺项现象。

2.2.2　检查 QM2 输入电压

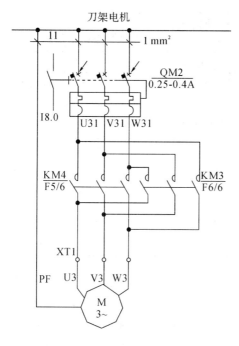

2.2.3　检查 QM2 输入电压

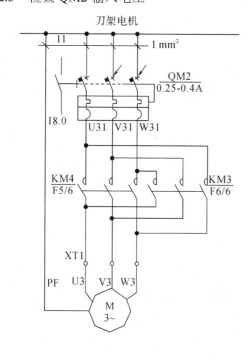

【任务评价】

任务评价表

项目＿＿＿＿＿＿＿＿＿＿＿＿＿＿＿　　任务＿＿＿＿＿＿＿＿＿＿＿＿＿＿＿＿＿＿

姓名＿＿＿＿＿＿＿＿＿＿＿＿＿＿＿　　班级＿＿＿＿＿＿＿＿＿＿＿＿＿＿＿＿＿＿

评价项目	评价标准	配分	个人自评	小组评价	教师评价
知识储备	资料收集、整理、自主学习	5			
任务实施	工具、配件等使用和摆放符合要求	5			
	严格按要求检修故障	20			
	正确排除故障	35			
	服从管理，遵守校规、校纪和安全操作规程	5			
任务思考	能实现知识的融汇	5			
	能提出创新方案	5			
	认真思考，考虑问题全面	5			
学习态度	主动学习	5			
	团队意识强	5			
	学习认真	5			
总　计		100			
综合评定 (个人 30%，小组 30%，教师 40%)					
任务评语			年　　　月　　　日		

【任务思考】

(1) 断路器对刀架电机过载保护的机制是什么？

(2) 断路器线路故障在排查过程中要注意哪些事项？

任务五　刀架信号发信盘电路故障诊断与维修

【任务描述】

刀架发信盘内部核心元件是霍尔元件，它是由电压调整器、霍尔电压发生器、差分放大器、史密特触发器和集电极开路的输出级集成的磁敏传感电路，其输入为磁感应强度，输出为一个数字电压信号。它是一种单磁极工作的磁敏电路，适合在矩形或者柱形磁体下工作。本次任务就是让学生掌握发信盘故障诊断与维修的方法和过程。

 【任务目标】

(1) 掌握刀架发信盘的故障排除方法。
(2) 掌握刀架发信盘故障排除时的注意事项。

 【知识储备】

霍尔元件是一种基于霍尔效应的磁传感器，用它们可以检测磁场及其变化，可在各种与磁场有关的场合中使用。

霍尔元件具有许多优点，它们的结构牢固，体积小，重量轻，寿命长，安装方便，功耗小，频率高(可达 1 MHz)，耐震动，不怕灰尘、油污、水汽及盐雾等的污染或腐蚀。

霍尔线性元件的精度高、线性度好；霍尔开关器件无触点、无磨损、输出波形清晰、无抖动、无回跳、位置重复精度高(可达 μm 级)，采用了各种补偿和保护措施。霍尔元件的工作温度范围宽，可达-55℃～150℃。

下面是几种常用霍尔元件的检测方法。

1. 单极霍尔元件电路的好坏检测

将单极开关霍尔元件通电 5 V，输出端串联电阻，当磁铁远离开关霍尔元件时，开关霍尔元件的输出电压为高电平(+5 V)，当磁铁靠近开关霍尔元件时，开关霍尔元件的输出电压为低电平(+0.2 V 左右)，这说明该霍尔元件是好的。如果靠近或离开霍尔开关，该霍尔元件的输出电平保持不变，则说明霍尔元件已损坏。

2. 双极锁存霍尔元件的好坏检测

当磁铁 N 极或 S 极靠近霍尔元件，输出是高电平或低电平，拿开霍尔元件，电平保持不变，再用刚才相反的磁极得到与上述相反的电平，说明霍尔元件是好的。如果当霍尔元件靠近得到的电平在磁铁离开后不锁存，说明霍尔元件是坏的。当磁铁用相反的极性靠近霍尔元件，得不到与另一个极性靠近霍尔元件相反的电平，则这个霍尔元件也是坏的。

3. 线性霍尔元件的好坏判断

(1) 改变磁场的大小，判断线性霍尔元件的好坏。

将线性霍尔元件通电，输出端接上电压表，磁铁从远到近逐渐靠近线性霍尔元件时，该线性霍尔元件的输出电压逐渐从小到大变化，这说明该线性霍尔元件是好的。如果磁铁从远到近逐渐地靠近线性霍尔元件，该线性霍尔元件的输出电压保持不变，则说明该线性霍尔元件已被损坏。

(2) 改变线性霍尔元件恒流源的电流大小，判断线性霍尔元件的好坏。

磁铁保持不动使得线性霍尔元件恒流源的电流从零逐渐地向额定电流变化时，线性霍尔元件的输出电压也从小逐渐地向大变化，这说明该线性霍尔元件是好的。如果线性霍尔元件恒流源的电流从零逐渐地向额定电流变化时，该线性霍尔元件的电压保持不变，则说明该线性霍尔元件已损坏。

 【任务实施】

1. 思维导图

本任务的思维导图如图 5-5-1 所示。

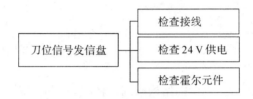

图 5-5-1　刀架信号发信盘电路故障检测思维导图

2. 排查过程

本任务的故障排查过程如下所示：

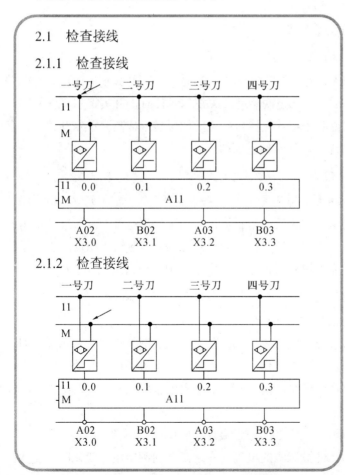

2.1　检查接线

(1) 检查发信盘和输入端口上的端子接线。

2.1.3　检查接线

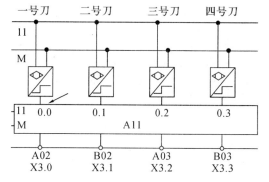

2.1.4　检查接线

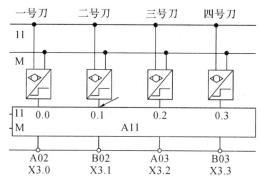

2.1.5　检查接线

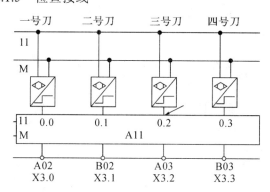

2.1.6　检查接线

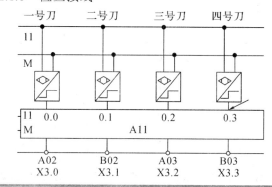

2.1.7　检查接线

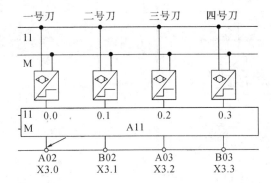

2.1.8　检查接线

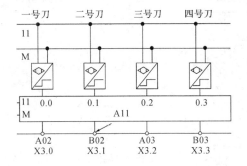

2.1.9　检查接线

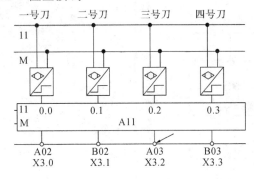

2.1.10　检查接线

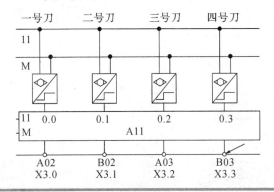

2.1.11　检查接线

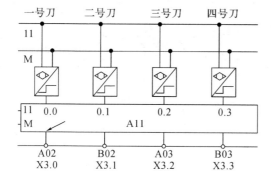

2.1.12　检查接线

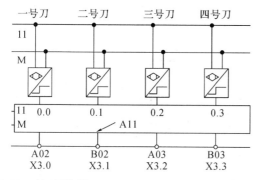

2.1.13　检查接线

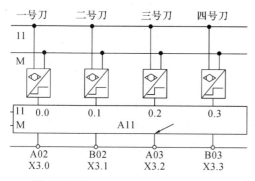

2.1.14　检查接线

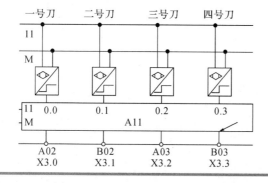

2.1.15　检查导线

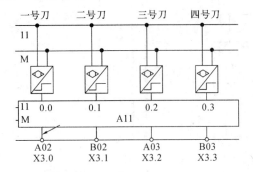

2.1.16　检查导线

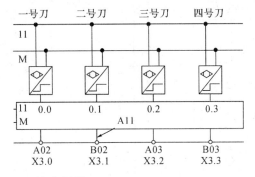

2.1.17　检查导线

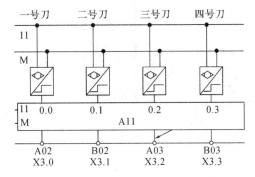

2.1.18　检查导线

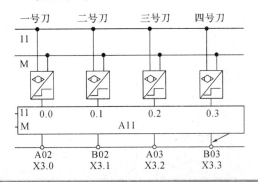

（2）检查连接导线有无断线。

2.1.19　检查导线

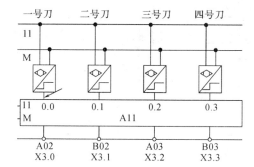

2.1.20　检查导线

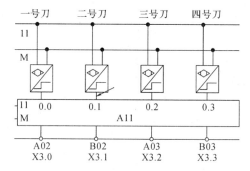

2.1.21　检查导线

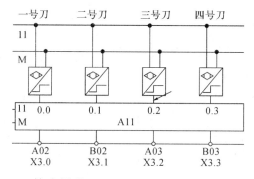

2.1.22　检查导线

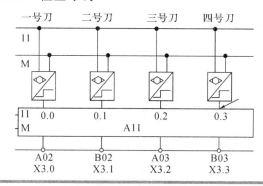

2.1.23 检查导线

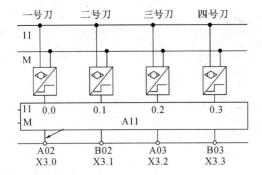

2.1.24 检查导线

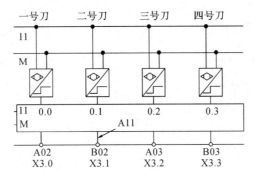

2.1.25 检查导线

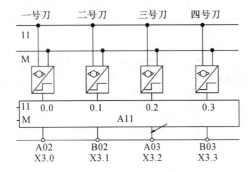

2.1.26 检查导线

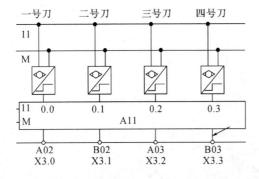

2.2　检查 24 V 供电

2.2.1　检查电压

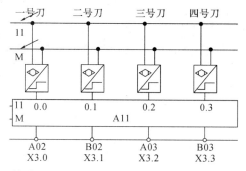

2.3　检查霍尔元件

2.3.1　检测霍尔开关

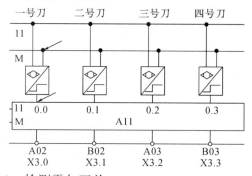

2.3.2　检测霍尔开关

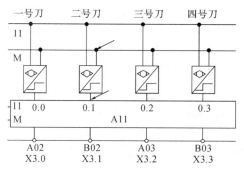

2.3.3　检测霍尔开关

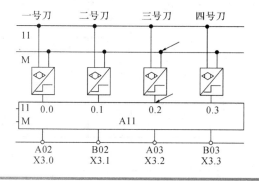

2.2　检查 24 V 供电

检查 24 V 供电是否正常。

2.3　检查霍尔元件

检测霍尔开关器件时，指针式万用表在电阻挡（×10）上，黑表笔接 3 引脚，红表笔接 2 引脚，此时万用表的指针没有明显偏转，当用一块磁铁贴近霍尔元件标志面时，指针有明显的偏转（若无偏转可将磁铁调换一面再试），磁铁离开指针又恢复原来位置，表明该器件完好，否则说明该器件已坏。

2.3.4 检测霍尔开关

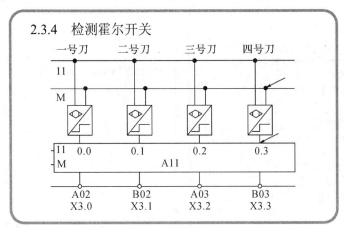

![pencil icon] 【任务评价】

任务评价表

项目＿＿＿＿＿＿＿＿＿＿＿＿＿　任务＿＿＿＿＿＿＿＿＿＿＿＿＿＿＿

姓名＿＿＿＿＿＿＿＿＿＿＿＿＿　班级＿＿＿＿＿＿＿＿＿＿＿＿＿＿＿

评价项目	评 价 标 准	配分	个人自评	小组评价	教师评价
知识储备	资料收集、整理、自主学习	5			
任务实施	工具、配件等使用和摆放符合要求	5			
	严格按要求检修故障	20			
	正确排除故障	35			
	服从管理，遵守校规、校纪和安全操作规程	5			
任务思考	能实现知识的融汇	5			
	能提出创新方案	5			
	认真思考，考虑问题全面	5			
学习态度	主动学习	5			
	团队意识强	5			
	学习认真	5			
总　计		100			

评价项目	评 价 标 准	配分	个人自评	小组评价	教师评价
	综合评定 (个人 30%，小组 30%，教师 40%)				
任务评语					
			年　　　月 日		

【任务思考】

(1) 有没有其他方法可以判断霍尔元件的好坏？

(2) 发信盘在检查接线时要注意些什么？

任务六　刀架电机故障诊断与维修

【任务描述】

刀架电机是一台三相异步电动机，它主要是为刀台上升、刀架旋转、刀台锁紧提供动力的，通过对其正反转控制可实现刀台的上升、下降、锁紧等动作。它的控制原理就是任意改变异步电动机两相通电顺序实现正反转控制。本次任务就是让学生掌握刀架电机的相关电路故障排查方法。

【任务目标】

(1) 掌握刀架电机的接线方式。

(2) 掌握刀架电机的检查方法。

【知识储备】

兆欧表(Megger)大多采用手摇发电机供电，故又称摇表。它的刻度是以兆欧(MΩ)为单位的。它是电工常用的一种测量仪表，主要用来检查电气设备、家用电器或电气线路对地及相间的绝缘电阻，以保证这些设备、电器和线路工作在正常状态，避免发生触电伤亡及设备损坏等事故。

1. 兆欧表的使用方法及要求

(1) 测量前，应将兆欧表保持水平位置，左手按住表身，右手摇动兆欧表摇柄，转速约为 120 r/min，指针应指向无穷大(∞)，否则说明兆欧表有故障。

(2) 测量前，应切断被测电器及回路的电源，并对相关元件进行临时接地放电，以保证人身与兆欧表的安全和测量结果准确。

(3) 测量时必须正确接线。兆欧表共有 3 个接线端(L、E、G)。测量回路对地电阻时，L 端与回路的裸露导体连接，E 端连接接地线或金属外壳；测量回路的绝缘电阻时，回路的首端与尾端分别与 L、E 连接；测量电缆的绝缘电阻时，为防止电缆表面泄漏电流对测量精度产生影响，应将电缆的屏蔽层接至 G 端。

(4) 兆欧表接线柱引出的测量软线绝缘应良好，两根导线之间和导线与地之间应保持适当距离，以免影响测量精度。摇动兆欧表时，不能用手接触兆欧表的接线柱和被测回路，以防触电。摇动兆欧表后，各接线柱之间不能短接，以免损坏。

2. 使用兆欧表测量绝缘电阻时应注意的问题

(1) 测量前应正确选用表计的规范，使表计的额定电压与被测电气设备的额定电压相适应，额定电压 500 V 及以下的电气设备一般选用 500～1000 V 的兆欧表，500 V 以上的电气设备选用 2500 V 的兆欧表，高压设备选用 2500～5000 V 的兆欧表。

(2) 使用兆欧表时，首先鉴别兆欧表的好坏，在未接被试品时，先驱动兆欧表，其指针可以上升到"∞"处，然后再将两个接线端钮短路，慢慢摇动兆欧表，指针应指到"0"处，符合上述情况说明兆欧表是好的，否则不能使用此兆欧表。

(3) 使用兆欧表时必须水平放置，且远离外磁场。

(4) 接线柱与被试品之间的两根导线不能绞线，应分开单独连接，以防止绞线绝缘不良而影响读数。

(5) 测量时转动手柄应由慢渐快并保持 150 r/min 转速，待调速器发生滑动后，即为稳定的读数，一般应取 1 min 后的稳定值，如发现指针指零时不允许连续摇动，以防线圈损坏。

(6) 在有雷电和邻近有带高压导体的设备时，禁止使用仪表进行测量，只有在设备不带电，而又不可能受到其他感应电而带电时，才能使用仪器进行测量。

(7) 在进行测量前后对被试品一定要进行充分放电，以保障设备及人身安全。

(8) 测量电容性电气设备的绝缘电阻时，应在取得稳定值读数后，先取下测量线，再停止转动手柄。测完后立即对被测设备接地放电。

(9) 避免剧烈长期振动，以免使表头轴尖受损而影响刻度指示。

(10) 仪表在不使用时应放在固定的地方，环境温度不宜太热或太冷，切勿放在潮湿、污秽的地面上，并避免置于含腐蚀作用的空气附近。

 【任务实施】

1. 思维导图

本任务的思维导图如图 5-6-1 所示。

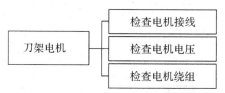

图 5-6-1 刀架电机故障检测思维导图

2. 排查过程

本任务的故障排查过程如下所示：

2.1 检查电机接线

2.1.1 检查电机接线

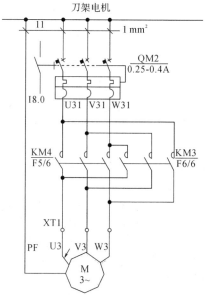

2.1.2 检查电机接线

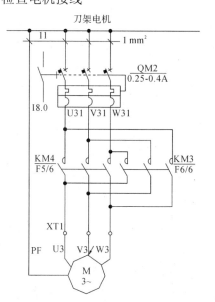

2.1 检查电机接线

检查电机接线柱的接线有无松动脱落。

2.1.3　检查电机接线

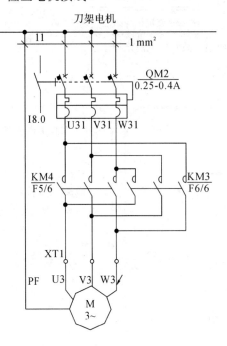

2.2　检查电机电压

2.2.1　检查电机输入电压

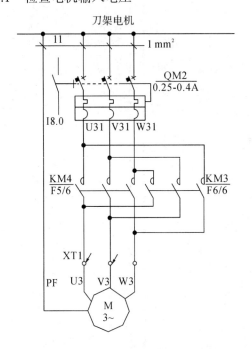

2.2　检查电机电压

检查电机供电电压是否正常，有无缺相。

2.2.2　检查电机输入电压

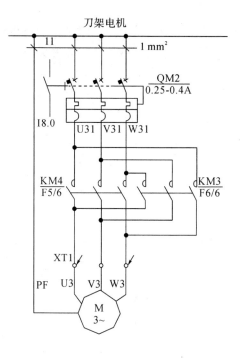

2.2.3　检查电机输入电压

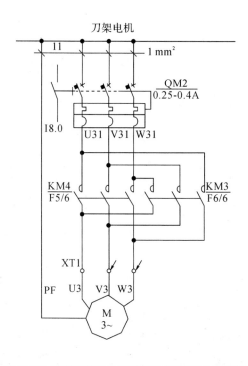

2.3　检查电机绕组

2.3.1　检测电机对地电阻

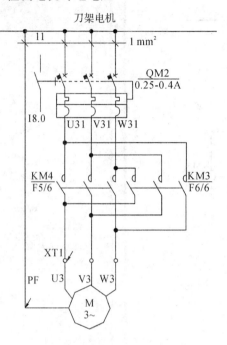

2.3.2　检测电机对地电阻

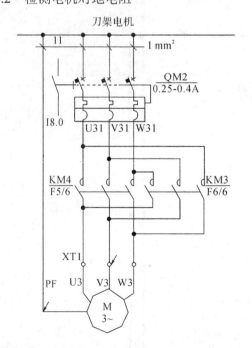

2.3　检查电机绕组

　　检查电机绕组有无故障。用兆欧表检查两相之间以及与地之间的绝缘不小于 0.5 MΩ。

2.3.3　检测电机对地电阻

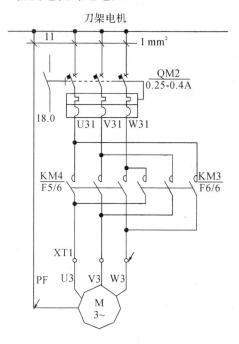

2.3.4　检测 XT1 端子排侧电压

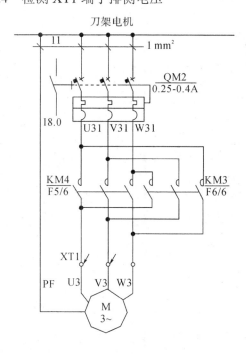

2.3.5　检测 XT1 端子排侧电压

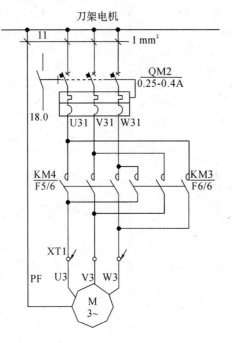

2.3.6　检测 XT1 端子排侧电压

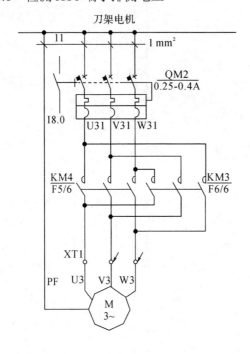

【任务评价】

任务评价表

项目_____　　任务_____

姓名_____　　班级_____

评价项目	评 价 标 准	配分	个人 自评	小组 评价	教师 评价
知识储备	资料收集、整理、自主学习	5			
任务实施	工具、配件等使用和摆放符合要求	5			
	严格按要求检修故障	20			
	正确排除故障	35			
	服从管理，遵守校规、校纪和安全操作规程	5			
任务思考	能实现知识的融汇	5			
	能提出创新方案	5			
	认真思考，考虑问题全面	5			
学习 态度	主动学习	5			
	团队意识强	5			
	学习认真	5			
总　　计		100			
综合评定 （个人 30%，小组 30%，教师 40%）					
任务评语					
		年　　　月　　　日			

【任务思考】

(1) 有没有其他方法可以判断刀架电机的好坏？

(2) 刀架电机接线时有哪些注意事项？